建设生态文明，是关系人民福祉、关乎民族未来的长远大计。面对资源约束趋紧、环境污染严重、生态系统退化的严峻形势，必须树立尊重自然、顺应自然、保护自然的生态文明理念，把生态文明建设放在突出地位，融入经济建设、政治建设、文化建设、社会建设各方面和全过程，努力建设美丽中国，实现中华民族永续发展。

——摘自《中国共产党十八大报告》

全球生态文明观

——人类的转折点、世界图景的转换

21世纪是生态文明的世纪！

生态文明是物质文明和精神文明的统一，是对工业文明的超越。信息网络作为后工业社会的产物，为生态文明提供了资源最优化配置手段，生态价值将成为社会的导向。生态技术迅速发展，生态产业将比信息产业更能深刻地引发经济革命。在工业文明时代落后于西方的中国，将选择一条生态强国之路，屹立在生态文明的东方！

生态文明建设概论

Toward an Ecological Civilization

贾卫列　杨永岗　朱明双　等 著

By Jia Weilie Yang Yonggang Zhu Mingshuang

图书在版编目（CIP）数据

生态文明建设概论 / 贾卫列，杨永岗，朱明双等著.
—北京 ：中央编译出版社，2013.6
ISBN 978-7-5117-1622-4

Ⅰ. ①生…
Ⅱ. ①贾… ②杨… ③朱…
Ⅲ. ①生态环境建设－研究－中国
Ⅳ. ① X321.2

中国版本图书馆 CIP 数据核字(2013)第 055732 号

生态文明建设概论

出 版 人：刘明清
出版统筹：谭 洁
责任编辑：邓永标
责任印制：尹 珺
出版发行：中央编译出版社
地　　址：北京西城区车公庄大街乙 5 号鸿儒大厦 B 座（100044）
电　　话：（010）52612345（总编室）　（010）52612371（编辑室）
（010）52612316（发行部）　（010）52612332（网络销售部）
（010）66161011（团购部）　（010）66509618（读者服务部）
网　　址：www.cctphome.com
经　　销：全国新华书店
印　　刷：北京瑞哲印刷厂
开　　本：710 毫米 × 1000 毫米　1/16
字　　数：320 千字
印　　张：16
版　　次：2013 年 6 月第 1 版第 1 次印刷
定　　价：48.00 元

《生态文明建设概论》
编 委 会

序

工业革命以来，给人类社会相继带来了能源和资源濒临枯竭、臭氧层耗损与破坏、生物多样性减少、酸雨蔓延、森林锐减、草地退化、湿地减少、土地荒漠化、水土流失、大气污染、水污染、噪声污染、重金属污染、持久性有机污染物污染、土壤污染、危险废物和化学品污染、垃圾泛滥和固体废物污染、辐射污染、城市热岛效应等严重的环境问题，由此引发的能源危机、资源危机和生态危机对人类的生存产生了巨大的影响。人与自然如何和谐相处成为人类社会发展的首要问题，我们的工作需要创新理念、创新思路，人类未来的发展模式需要重新构建，这样才能促进社会的可持续发展。

从深层意义上说，文化是经济运行方式的潜在背景，人类中心主义的文化是全球危机和地球表层退化的根源。20世纪下半叶以来，反思工业文明所带来人口、环境与发展的矛盾，系统研究全球经济发展、生态保护、文化传承、社会进步，致力于生态文明理论研究和生态文明建设的实践，已成为众多有识之士为之奋斗的目标。党的十七大报告指出："建设生态文明，基本形成节约能源资源和保护生态环境的产业结构、增长方式、消费模式。循环经济形成较大规模，可再生能源比重显著上升。主要污染物排放得到有效控制，生态环境质量明显改善。生态文明观念在全社会牢固树立"，这是中国共产党科学发展、和谐发展理念的一次升华，充分体现了生态文明对中华民族生存和发展的重要意义，同时也是中国环保战略的历史性转变，宣示了国家对于环境保护的强烈政治意志；党的十八大报告提出："建设生态文明，是关系人民福祉、关乎民族未来的长远大计。面对资源约束趋紧、环境污染严重、生态系统退化的严峻形势，必须树立尊重自然、顺应自然、保护自然的生态文明理念，把生态文明建设放在突出地位，融入经济建设、政治建设、文化建设、社会建设各方面和全过程，努力建设美丽中国，实现中华民族永续发展”，明确了生态文明建设与经济建设、政治建设、文化建设、社会建设的关系，将对生态文明建设起到正确的引导作用。

本书以作者20多年生态文明理论研究和生态文明建设实践为基础，以党的十八大报告精神为指导，系统研究了人类迈向生态文明社会的实践层次和活动——生态文明建设的目标、基础、基石、内容等各个方面，对生态文明建设的一系列问题提出独特的见解，是对生态文明理论研究的创新，为开展生态文明的深入研究提供了理论支持。

“他山之石头，可以攻玉”，本书的研究方法和内容对我国的生态文明建设提供了参考和借鉴。相信通过我们的共同努力，我们一定能实现“中国梦”，建设一个人与自然和谐的“美丽中国”，人类生活的星球一定会成为“美丽地球”。

是为序。

万本太

2013年5月

目 录

Toward an Ecological Civilization

Contents

导 论

自迈入工业社会以来，通过工业化的生产和科学技术的不断发展，人类创造了巨大的物质财富并积淀了丰厚的精神财富，但随工业文明出现的环境污染、生态破坏和资源短缺以及与之相适应的管理模式引发了世界性的生态危机。为了化解危机，使经济和社会得以可持续发展，就必须对旧的文明模式进行扬弃，在农业文明、工业文明的基础上，以信息文明为手段，把人类推向生态文明。

一、生态文明产生的背景

工业文明以科学技术为第一生产力创造了巨大的物质财富和精神财富，并以日益延伸的信息高速公路将人类及地球表层网络成地球村。工业文明已经成为人类社会现代化的主流模式引导着世界各国发展的新潮流，中国也坚定地向工业文明挺进。

工业文明果真能把人类带上光辉的发展前途吗？全球生态危机和环境灾难向我们提出这个值得深思的问题。工业文明的基础是有足够的可再生资源和不可再生资源，以及科学技术能不断地开发出足够的替代资源。然而资源短缺和科学技术在限定的时段内难以开发出足够的替代资源这一事实，却无情地动摇了这一基础。工业文明的生产活动的排泄物（废物、废水、废气）严重破坏了人类赖以生存和发展的环境。在缺乏生态文明的伦理价值取向下的工业经济行为，必然导致一系列环境与发展的矛盾，对人类的生存与发展形成了极大的威胁。因此，只有改变人类目前的生产和生活方式，实现生活、生产与生态的“三生共赢”，将人类推向生态文明，才能实现人类的可持续发展。

二、生态文明研究的内容

生态文明是人类在适应自然、改造自然过程中建立的一种人与自然和谐共生的生产方式，包括以下三个部分的内容：

1.“生态文明”是人类文明发展的新时代

人类文明在走过了采猎文明、游牧文明、农业文明、工业文明之后，正在迈向一个崭新的文明时代，学术界把这一时代称为后工业文明、信息文明、生态文明等。当回眸工业文明及其以前人类所走过的文明历程后，我们不难发现，在处理人类与自然界的关系时，人类始终是处于中心地位的，强调的是人类去征服自然、改造自然，人与自然始终处于对立状态。正因为如此，有学者认为人类至今尚未走出蒙昧阶段，更谈不上进入文明的时代。这种观点放在历史发展的长河中来看，也不无道理。

在采猎文明阶段，生产力水平低下，人们对自然环境被动适应，人类生存的物质基础是天然动植物资源，采猎人群征服和改造自然的能力十分低下，采猎的动植物完全是自然界发育、生长的结果，所以人类崇拜和畏惧自然并祈求大自然的恩赐。环境对人类的制约作用较强，人类对环境的改造作用微弱。

在游牧文明阶段，因为受自然环境的影响，养成了逐水草而居的生产方式，没有固定住所，哪里有丰美的水草，就在哪里安家。在近乎原始的游牧生活中，没有哪一个牧人敢把某一片草场当成自己的家，因为受载畜量的影响，牧人们必须不断地迁徙才能保持草原的自然再生产，才能保证牲畜能吃到源源不断的新草，这其实正暗合了草原成长的生态规律。

在农业文明阶段，随着生产力水平的提高，对自然有了一定的了解和认识，人类在开始利用自然并改造自然的过程中，逐步减弱了对自然的依赖，同时与前者的对抗性增强。农业文明带来了种植业的创立及农业生产工具的发明和不

断改进，带来了固定居所的形成和人口的迅速增长，带来了纺织业等手工业和集市贸易的诞生，带来了农业历法等科学技术，也带来了“人定胜天”的精神和信念。由于大规模地改造自然，生态环境遭到了一定程度的破坏，如局部地区水土流失、土地荒漠化，生物多样性减少，生态系统变得日益简单和脆弱。

在工业文明阶段，生产力水平空前提高，人类对自然环境展开了前所未有的大规模的开发和利用。人口的激增，资源的透支，一切社会活动趋向物质利益和经济效益的最大化，人类试图征服自然，成为自然的主宰。由于人类自身需要和欲望急剧膨胀，人对自然的尊重被对自然的占有和征服所代替。发达国家的经济、社会制度又促使少数人以占有和剥削他人更多的物质财富为根本动力和目的，这一价值观进一步扩展到整个民族、国家和社会层面，更加剧了人们对自然资源的掠夺和对生态环境的破坏。当前，人类面临着由于现代工业的发展带来的全球气候变暖、能源和资源濒临枯竭、臭氧层耗损与破坏、生物多样性减少、酸雨蔓延、森林锐减、草地退化、湿地减少、土地荒漠化、水土流失、大气污染、水污染、噪声污染、重金属污染、有机物污染、垃圾泛滥和固体废物污染、辐射污染、城市热岛效应、生态系统退化等严重的环境问题，这些问题已经从根本上影响到人类的生存和发展，“天人”关系全面不协调，“人地”矛盾迅速激化。

在上述四大文明体系中，人类对自然强调的是无条件的索取，一切以人为中心，由此酿成了当今世界危机四伏的局面。人类必须转换思维，寻找新的发展模式，用一种新的价值观去指导经济社会未来的发展之路。

生态文明就是在农业文明和工业文明的基础上，人类未来文明的第一个表现形态。生态文明作为一种新的文明范型和未来文明的第一形态，它把人类带出了“蒙昧时代”而进入真正意义上的“文明时代”，一个结构复杂、秩序优良的社会制度将在全球建立。

2.“生态文明”是社会进步的新理念和发展观

工业文明以前的文明形态割裂了人与自然的天然关系。在新的时代，人类必须摒弃“以人为中心”的发展观，而提倡“以人与自然和谐发展”的发展观——生态文明观，重建经济和社会发展的伦理和哲学基础，也只有这样的创造才能将人类推向文明进步的更高阶段。

生态文明观是指人类处理人与自然关系以及由此引发的人与人之间的关系、自然界生物之间的关系、人与人工自然物之间的关系的基本立场、观点和方法，是在这种立场、观点和方法指导下人类取得的积极成果的总和。它是一种超越工业文明观、具有建设性的人类生存和发展意识的理念和发展观，它跨越自然地理区域、社会文化模式，从现代科技的整体性出发，以人类与生物圈的共存为价值取向发展生产力，从人类自我中心转向人类社会与自然界相互作用为中心建立生态化的生产关系。

生态文明观强调地球（甚至包括整个宇宙）是一个有机的生命体，它是一种包含四层含义的新的发展观：一是正确处理人与自然的关系；二是正确处理人与人之间的关系；三是正确处理自然界生物之间的关系；四是正确处理人与人工自然之间的关系。上述方面是相互联系、辩证统一的。

不同文明时代有相应的价值观，它是物质世界长期发展的产物，也是社会不断演进的结果。在农业文明时代，价值的衡量的标准是“土地是财富之母，劳动是财富之父”。到了工业文明时代，绝大多数的商品价值的衡量，是遵循“劳动价值论”的，商品价值量的决定取决于生产该商品的社会必要劳动时间。而生态文明时代的价值标尺是多元的，其基本准则仍然是“劳动价值理论”。与工业文明时代的“劳动价值论”相比，“劳动价值”中包含着更多的“知识价值”，可以说是在传统的“劳动价值论”基础上，加上“知识价值论”；特殊商品的价值，因其稀缺性和人们对其的喜好，遵循“效用价值论”；由于全球信息高速公路建成，不同的信息会产生不同的增值效应，因而极大地影响商品价格的形成，“信息价值论”随之出现；自然资源（包括土地资源、森林资源、水资源、矿山资源、海洋资源、环境资源等）由于对人类生存的决定性作用，其价值被重新定位。……这些因素构成了生态文明的多元价值观。

生态文明观以生态伦理为价值取向，以工业文明为基础，以信息文明为手段，把以当代人类为中心的发展调整到以人类与自然相互作用为中心的发展上来，从根本上确保当代人类的发展及其后代可持续发展的权利。

3.“生态文明”是一场以生态公正为目标、以生态安全为基础、以新能源革命为基石的全球性生态现代化运动

生态公正体现了人们在适应自然、改造自然过程中，对其权利和义务、所得与投入的一种公正评价。生态安全是人类的生存与发展的最基本安全需求，与国防安全、经济安全、社会安全等具有同等重要的战略地位，它是国防军事、政治和经济安全的基础和载体。在此基础上，社会的可持续发展不是简单的污染治理，而是在科学技术不断发展的前提下，以新能源革命和资源的合理配置为基础，改变人类的行为模式、经济和社会发展模式，通过资源创新、技术创新、制度创新和结构生态化，降低人类活动的环境压力，达到环境保护和经济发展双赢的目的，这就是在全球范围内推进生态现代化建设的进程。

工业革命引发的人类社会由农业社会向工业社会、由农业经济向工业经济转变是人类社会的第一次现代化，人类正在经历着由知识革命、信息革命、生态革命引发的工业社会向生态社会、工业经济向生态经济转变的第二次现代化——生态现代化。

生态文明建设可以从不同层面来考察，国际层面需要构建国际合作新平台，倡导国际合作与全球伙伴关系，各国政府和国际组织加强沟通和协调；政府层面主要是管理区域生态环境，制定相应的“游戏规则”；企业层面是严格贯彻执行相关的法律、法规，履行社会责任；公众层面主要是践行低碳生活，实现环境保护的公众参与。具体来说，生态文明建设包括经济建设、政治建设、文化建设、社会建设、环境建设、国防建设等方面的内容。

各个国家、地区乃至全球，要坚持维护经济发展、生态保护、文化传承、社会进步的平衡，强调经济效益、生态效益、人文效益、社会效益的有机统一，并通过生态文明指数来衡量生态文明建设的程度。

三、中国生态文明建设的意义

以中国为代表和最为典型的发展模式在生态现代化进程中，所面临的人口、资源与环境的压力应该持有的态度以及如何选择发展道路，不仅对中国而且对世界和平与发展都将会起重要作用并产生深远的影响。

1.中国生态文明建设的实践，将会对发展中国家的现代化起到示范作用

到目前为止真正分享了工业文明好处的主要是属于西方文化体系的欧美国家。而属于中国文化体系、伊斯兰文化体系和印度文化体系的国家以及横贯亚洲大陆等区域的大部分国家，仍处于现代化的初、中期阶段。20世纪60年代以来，东亚“四小龙”的起飞，拉开了亚洲发展中国家和地区工业化的帷幕，创造了许多可供借鉴的宝贵经验，使落后于西方的亚洲发展中国家看到亚洲复兴的希望。儒家文化体系的中国大陆和东亚“四小龙”，格外引人注目，一些理论家甚至将“四小龙”的经济起飞概括为“亚洲之道”。但是，全面看来“四小龙”的经济起飞仍不能称为一个完整的“亚洲之道”。因为，他们相对整个亚洲而言，仍属于亚洲边缘地带小区域性的工业化推进。在“四小龙”的工业化过程中，基本上没有遇到亚洲大陆普遍存在的人口、土地和粮食三大难题，然而这三大难题在中国现代化的进程中却处于突出地位。由于中国本身就是人均耕地面积少的国家，除了受资源与环境的困扰外，还承受着人口及其相关的土地和粮食的巨大压力。实施可持续发展战略，搞好现代可持续农业，才是21世纪中国的立国之本。

人口以及与其相关的土地和粮食问题是中国实现可持续发展的最大障碍，正待起飞的亚洲、美洲其他发展中国家也遇到了同样的难题。然而，这一难题在占世界人口1/4西方国家工业化进程中没有遇到，只有6000万人口的东亚“四小龙”也没有遇到。因此，如何解决工业的持续发展与农业的有限发展之间矛盾，构建一个工业经济与农业经济之间良性循环的生态经济模式，将是

中国走向未来必须解决的现实问题。中国的成功，不仅会将中国推向一个全新的发展阶段，而且也会为亚洲和世界其他发展中的大国起到对比强烈的示范作用。

2. 中国生态文明建设的实践，将会促使人类文明走向可持续发展的道路

发端于西方的工业文明，虽然在推动人类的科学技术进步和物质文明发展方面，在打破封建割据，推进世界政治、经济、文化向着一体化、多元化发展方面，表现了巨大的历史进步性，但是工业文明模式并不是人类文明进化的终极模式。工业文明虽然在西方世界获得了巨大的成功，但在西方以外世界的推进中却是失败的。正是为了掠夺资源和垄断市场，才导致了南方与北方发展的严重失衡。一端是仍有8亿人食不果腹、文明发展明显滞后的不发达世界，另一端却是享受主义盛行的发达世界。正是这种全球发展的不均衡才是导致环境污染、资源浪费、人口膨胀的深层原因。发达国家以技术优势、市场优势在境外继续以夕阳工业模式制造污染，并以奢侈的生活方式，迅速消耗着地球仅有的资源。在不发达国家，由于贫困落后、缺乏技术、缺乏资金，在国际不平等贸易、人口膨胀的压力下以另一种方式破坏资源和环境、制造污染。在这个失衡的世界中，不仅富人制造污染，穷人也在制造污染。具有弱肉强食竞争机制的西方工业文明在全世界推进的300年中，为全球经济、技术与文化的发展注入了强大活力的同时，也埋下了导致全球经济、政治、文化与技术失衡、无序发展的种子。如果说在工业文明推进的初期，弱肉强食的竞争机制引起的失衡和无序是区域性、隐蔽性的，那么在全球性经济一体化的今天，这种机制必将会严重阻碍人类文明的进步。

全球经济、文化、技术的不均衡发展，是造成全球生态资源浪费、环境污染和人口膨胀的深层次原因，也是阻碍全球文明可持续性发展的根源。在“部分人类中心主义”世界观下出现的人类与自然对立、人类与自然关系失衡的背后，还存在着人类文明结构的失衡。建立全球性的经济、文化与技术的均衡、

协调的发展模式，是人类文明走向可持续发展的必由之路。要建立全球文明均衡、协调发展模式，就必须创造一个有利于发展中国家发展的国际经济新秩序，使所有发展中国家都能平等分享人类文明进步的成果，打破在传统的不平等竞争的国际秩序中形成的强权垄断。

如果说西方是在人类与自然的对立、民族与人类的对立、现在与未来的对立中完成工业化的现代化，那么时代和历史决定了中国必须在寻求既有利于本民族也有利于全人类、既有利于现在也有利于未来、既有利于生态环境保护和改善也有利于人类文明进步的新文明模式建构中完成中国的现代化。这个在人类与自然、民族与人类、现代与未来的统一中所要建构的文明模式，就是当今中国正在探求的可持续发展新模式。所以，中国可持续发展文明模式的建构成功，将为在"部分人类中心主义"世界观的支配下和在西方中心论的强权政治垄断下已失衡的文明世界树立新榜样。这种代表人类未来的、不同于西方的新文明模式，对于人类文明向着生态文明、均衡有序化、持续健康的地发展将起到重要作用。

3. 中国生态文明建设需要世界和平与发展的外部环境，世界和平与发展也离不开中国的可持续发展

近300年来，已走向了世界的西方列强，为封闭、保守的东方世界强行注入一种新文明力量的同时，也为这个东方世界注入了一种征服自然的野蛮力。纵观世界的近代史，可以说，被西方中心模式所支配下的世界是一个文明与野蛮、血腥与辉煌、发达与贫困两极对立的失衡世界。到了21世纪中叶，占世界人1/5的中国强大之后，将会回赠给世界什么呢？难道强盛的中国会像当年的西方殖民者一样将野蛮回赠给世界吗？这正是西方一些带有强权意志的人，以西方行为和思维方式进行思考所得出的荒谬结论。面对蓬勃发展的中国，炮制了一种所谓的"中国威胁论"。

一个民族对待世界和平的态度，并不能简单地归结为强大，而应该同该民族走向强盛的历史过程相联系。纵观近代人类史，可以发现西方民族走向强盛

的过程，是一个技术上不断创新和殖民地不断扩张、文明发展和野蛮征服相混合的过程。20世纪80年代以来，冷战时代的结束，和平与发展新时代的到来，并不是世界霸权主义者出于和平的愿望回赠给人类的礼物，而全球恐怖主义的兴起，就是西方文明输出在当代的一个结果。将近现代西方昌盛的历史与中国曾经昌盛的一段历史加以比较，就更能深刻地理解中国与西方在对待世界和平与发展问题上所持态度的根本区别。早在1500年前，走向鼎盛的唐代中国，不仅没有像古罗马帝国那样穷兵黩武地去征服其他民族，反而推行对外怀柔政策而出现了中国历史上各民族大融合的盛世。1000年之后，仍保持着古代文明强盛的明朝，从郑和的七下西洋以求“四夷顺则中国宁”和“同享太平之福”的目的来看，求天下万世太平、修邻邦永世之好的旷世胸怀和仁慈之德，当使15世纪后野蛮的西方殖民者相形见绌。

中华民族之所以是一个历史悠久、爱好和平、求天下太平的民族，是因为自秦始皇统一中国后，中华民族的文明史本身就是一部各民族和睦相处、共融统一的发展史。正是长期的稳定统一、太平盛世养育了中华民族的文明和文化，才使中华民族尤其拥有珍爱和平与统一的传统美德。

和平与发展的新时代是当代中国走向未来的历史前提。人口、资源与环境的瓶颈约束决定了中国既不可能像当初西方殖民者那样在征服、掠夺世界中走向鼎盛，也不可能像古老中国那样在自我封闭系统中“实现超越”。和平与发展的新时代也同样决定了中国的强盛之路，只能是在中国与世界和平共处的原则下，互利互惠地共同发展。中国的生态文明建设需要一个和平与发展的良好国际环境，一贯崇尚和平的文明中国所实施的可持续发展战略也绝不会把一个污染地球带入共产主义。

第一章　生态公正

生态公正是指人类处理人与自然关系以及由此引发的其他相关关系上，不同国家、地区、群体之间拥有的权利与承担的义务必须公平对等，体现了人们在适应自然、改造自然过程中，对其权利和义务、所得与投入的一种公正评价。生态公正对人类生存和发展具有重要意义，成为生态文明建设的目标。

第一节　生态公正的提出和特征

生态公正的概念是随着经济社会的快速发展出现的问题而产生的，如何实现生态公正，使人与自然的关系得以和谐一直是西方哲学和中国哲学所特别关注的重要问题之一。

一、生态公正概念的提出

古希腊哲学家泰勒斯（Thales）认为万物是由水构成的，万物是有灵的，对物质世界的起源及其特性进行了初步的分析，包含着人与自然相统一思想萌芽；德谟克利特（Democritus）的原子论认为，人的灵魂是由最活跃、最精微的原子构成的，因此它也是一种物体，原子分离，物体消灭，灵魂当然也随之消灭，物质决定精神、人源于自然思想愈益明显；亚里士多德（Aristotle）认为，人是自然界的有机组成部分，人的生活服从自然界的运行规律，他对人与自然关系进行了比较完整科学的论述。

现代西方哲学也有许多哲学家对人与自然关系进行了深入的研究。康德（kant）对人与自然关系的论述包括在他的自然目的论中，自然目的论作为其美学的重要内容之一，对人与自然的关系作出了独特的论述，不仅超越了传统的目的论自然观，而且对近代机械论自然观给予了深刻反思，具有当代和谐自然观的意蕴；黑格尔（Hegel）也对主体客体问题进行了深入研究，他认为“正如人本身是一个主体性的整体，因而和他的外在世界隔开，外在世界本身也是一个首尾贯穿一致的完备的整体。但是这种互相隔开的情况，这两种世界却仍保持着本质性关系，只有在他们的关系中这两种世界才成为具体的现实”，可见人与自然的关系是统一的，而这种统一的关系是基于人类的实践；费尔巴哈（Feuerbach）也认为人是以自然界为基础的，人与自然界是不可分割的物质统一体，人是自然界的产物，又是自然界的一部分。在西方后现代哲学中，众多哲学家通过对中心的消解、对理性的批判、对他者的开放、对人与自然的关系进行了新的开拓，认为自然是自我扩展了的边界，宇宙是我们的存在场。

进入20世纪以来，生态、环境逐渐成为哲学关注的焦点问题。20世纪40年代，以海德格尔（Heidegger）为代表的哲学家对人类中心主义进行了深刻批判，认为人与自然是相互依存、共生共荣的关系，人不是宇宙的主宰，而是看护者。1967年怀特（Wllite）的《当前生态危机的历史根源》、1968年哈丁（Hardin）的《公有地的悲剧》论著发表，初步奠定了生态主义的基本理论基础。20世纪70年代以来，在生态主义的基础上，通过批判资本主义制度，用社会主义理论来寻求解决生态问题的途径，从而产生了生态社会主义流派。生态社会主义理论认为正是资本主义生产方式造成了现代生态危机，只有彻底改造资本主义，建立一个生态与经济协调发展的社会主义才能从根本上解决人类的生态问题。20世纪90年代，布赖恩特（Bryant）的《环境正义：问题、政策及解决办法》，温茨（Wenz）的《环境正义论》论著问世，还有其他学者的相关论著也纷纷发表，透过环境正义第一次触及了生态公正问题。他们认为：环境正义包括程序正义、地理正义、社会正义，当不特定主体遭受环境不正义时，他们具有公开听证的权利、获取完整信息的权利、民主参与环境事务及获得赔偿的权利，并提出了环境正义17条原则，其核心原则是保护地球母亲神圣及生态系统的统一，确保全体人民公正的环境权利。①

与此同时，环境伦理学、环境美学、环境社会学的产生，也从其他层面触及生态公正的基本理念。20世纪70年代，以辛格（Singer）的《动物解放》为代表的现代环境伦理学著作发表，国外环境伦理研究开始兴起，其理论要旨是为动物进行权利辩护，强调自然的内在价值，传达敬畏生命的伦理价值。环境社会学则把环境变量直接引入社会学的分析框架中，通过对研究范式的探索，揭示了生态环境保护是一个复杂的、系统的社会工程，这些学科都从不同侧面论及了生态公正的问题，丰富了生态公正的基本理论，为该问题的研究奠定了理论基础。

改革开放以来，伴随着我国工业化、城市化的迅速发展，生态问题越来越成为制约我国经济社会发展的重大问题，与之相适应，从20世纪80年代开始就有学者提出了建设生态文明的论题。进入21世纪以来，众多学者从哲学、伦理学、法学、政治学、经济学、文化学、美学等多角度全方位地对生态文明进行具体阐释和研究。2007年，党的十七大报告首次从国家层面提出“建设生态文明”，学界对生态文明的研究向纵深发展，其理论视野更加开阔，生态文明建设的理念已经从学术领域向政治领域和社会领域渗透。在对生态文明的研究中，对生态公正的关注与研究越来越多，如何实现生态公正已成为生态文明建设的现实任务。

二、生态公正的基本特征

1．生态公正是社会公正理念在生态领域的表现

公正是人类永恒的价值追求，人类社会从其产生以来，就一直把建立平等、公正的社会作为奋斗的目标。古希腊的公正一词“Orthos”，是宙斯和主管法律

① 张斌：《环境正义研究述评》，《伦理学研究》，2008第4期，第59～61页。

的女神的女儿，古罗马神话中，女神 justitai 代表了正义、正直、公平、公道、无私，中国古代儒家典籍《礼记》中这样写道："大道之行也，天下为公。选贤与能，讲信修睦，故人不独亲其亲，不独子其子。使老有所终，壮有所用，幼有所长，矜寡孤独废疾者，皆有所养。男有分，女有归。货，恶其弃于地也，不必藏于己；力，恶其不出于身也，不必为己。是故谋闭而不兴，盗窃而不作。故外户而不闭，是谓大同。"一个公正的社会就是一个大同的社会。

近代以来，有关公正的论著更是汗牛充栋，按照美国哲学家约翰·罗尔斯的正义理论，首先，社会公正的逻辑前提是"无知之幕"的存在，在原初状态下，没有任何人知道自己的身份和地位，对自己的能力、智力、体力等先天资质一无所知，这可以保证对原则的选择能够使每一个社会成员不因自然机遇和社会偶然因素而得益或受损。其次，在上一个前提下，每一个社会成员都享有与其他成员相同的最广泛的基本权利和自由。再次，社会和经济的不平等应该符合每个人的利益，或者说适合于最小受惠者的最大利益，在机会平等的条件下，社会地位和职位向所有人开放。罗尔斯的公正理论因其论证严密而被广泛接受，把罗尔斯公正理论应用于生态领域，这就意味着：一是每一个社会成员、组织、团体都享有与其他成员、组织、团体相同的最广泛的基本生态权利，同时承担相同的生态责任。二是生态保护的激励机制的建立，为保护生态所付出的所有成本（机会成本）都应该获得相应的补偿，而对生态环境的所有损耗行为，都必须付出相应的费用或代价。三是生态权益的分配，应该符合生态权益最小受惠者的最大利益。

2. 生态公正的独特内涵特征

首先，生态公正是针对生态领域的日益严重的破坏及权责混乱现象而提出的。人类只有一个地球，从全球来看，国家或地区在生态权益享受和生态责任的承担上不匹配。从西方开始工业革命的1750年到1950年的两个世纪里，利用化石燃料而产生的二氧化碳中，发达国家占比为95%。1950—2000年，部分发展中国家开始了工业化进程，尽管如此，在此期间发达国家的排放量仍占到总排放量的77%。如果从人均碳排放来看，美国2007年的人均二氧化碳排放是

19.7吨，日本是9.8吨，中国是5.1吨。既使根据减排目标计算，2020年美国和日本减排后的人均排放仍然高于中国，美国的人均排放仍为中国的两倍多。单独从一个国家来看，生态权益的不平衡问题也非常严重，从我国近30多年的工业化、城市化进程来看，环境污染问题日益严重。中国水资源总量居世界第六位，但人均水资源占有量仅为世界平均水平的1/4，全国75%的湖泊出现了不同程度的富营养化，90%的城市水域污染严重，南方城市总缺水量的60%～70%是由于水污染造成的，对我国118个大中城市的地下水调查显示，有115个城市地下水受到污染。水污染问题的形成主要是由部分企业污染物排放所致，部分企业享受了企业发展的红利，而把水污染的生态成本外溢给社会。鉴于此，我们亟须完善生态权益与责任相一致运行制度，建立谁污染、谁治理、谁受益、谁付费的生态权责匹配机制，从而实现生态公正。

其次，生态公正的实现需要一系列制度创新。生态问题从来不单纯是生态问题，生态问题其实质是社会问题在生态领域的表现，所以治理生态问题仅仅限定在生态领域是远远不够的，必须从整个社会领域来综合治理。这就需要政治、经济、文化、社会一系列制度创新，建立公正公平等的政治、经济、文化、社会等一系列制度，充分保障每一个公民平等参与所有公共事务的权利，对事关当地经济社会发展的重大事项与每一个社会成员生产生活密切相关的事务，必须严格按照既有的决策程序来进行，只有这样才可以在实现社会公正的同时，也实现生态公正。只要实现了基本的社会公正，充分保证广大社会公众参与公共事务的权利，实现生态公正也就成了题中之义。

再次，生态公正需要操作层面、技术层面方法与手段的创新。为什么目前一些生态问题迟迟得不到解决，除了宏观层面的制度、机制原因之外，技术层面瓶颈制约也是一个突出问题。如对森林、草地、湿地的维护其生态效益很大，但缺乏精确全面的量化数据。水源保护地居民为了保护生态环境，实行了严格的产业禁入和开发政策，付出了巨大的机会成本，理应通过生态补偿机制得到相应的补偿，但应该补偿多少，没有一个大家认同的标准，从目前我国生态补偿的现实来看，补偿偏低的问题非常突出，生态保护地居民所得生态补偿不足以弥补其生态维护与保持所付出的成本。还有碳排放交易权实施，在我国已成为全球最大的CDM(发达国家提供资金和技术在发展中国家实施减排的清洁发展机制）供应方，目前还没有完整的碳交易平台。这些技术手段、平台需要尽快建立起来，这样就为生态公正提供了必要的技术方面的保障。

第二节　生态公正的内容和原则

生态文明的建设需要全社会在政治、经济、文化、社会诸方面付出巨大的努力，除了正确处理人与自然的关系，建立人与自然和谐相处关系之外，还要正确处理人与社会、人与人之间的关系，建立公平、公正、和谐的人际及人与社会关系，只有做到这一点，才能为生态公正奠定坚实的社会基础。

一、生态公正的基本理念

1．承认并尊重生命及自然界的独特价值

党的十八大报告指出：“必须树立尊重自然、顺应自然、保护自然的生态文明理念。”尊重并承认生命及自然界的独特价值是生态公正的首要核心理念。当代科学告诉我们，宇宙起源于一次大爆炸，地球诞生于距今47亿年前，约32亿年前，开始产生了非细胞形态的原生质，7000万年前地球上出现了灵长类动物，200万年前人类的第一代祖先从森林走向原野，自然环境在造就生物人的同时，也造就了社会人，人类是自然界生物进化的产物，人类是地球总生命网中的一部分，人类的出现和发展使地球生物层之上形成了一个社会层，因此，地球总生命网有了超有机界的文化因素，生物层与社会层交互作用、交互影响，在生态上形成了共生关系。但是自古以来，在人类的文化中就带有浓厚的人类中心主义的倾向，亚里士多德说：“植物的存在是为了给动物提供食物，而动物的存在是为了给人提供食物——家畜为他们所用并提供食物，而大多数（即使并非全部）野生动物则为他们提供食物和其他方便，诸如衣服和各种工具，由于大自然不可能毫无目的、毫无用处地创造任何事物，因此，所有的动

物肯定都是大自然为了人类而创造的。”“大自然为人的需要而存在”这一观念源远流长，即使到了19世纪，许多科学家仍然对这一观念坚信不移。到了现代社会，人类中心主义分成了强式和弱式两种，强式人类中心主义认为，人类之外的客体的价值取决于它们对人的需要价值的满足，人为了满足自己的需要可以毁坏任何自然物，如果地球上只剩下最后一个人，他在临死前把地球毁灭了，他的行为也是道德的。弱式人类中心主义试图对人的需要作某些限制，认为自然存在物的价值不仅仅在于它们能满足人的利益，它们还能丰富人的精神世界，自然物有其内在价值。

对人类中心主义的批判是现代生态文明兴起的重要前提，人类中心主义其实质是人类沙文主义，首先，它在经验上不成立。生态学告诉我们，人类中心主义把人类看作宇宙的中心，已被自然科学证明是错误的。人类与其他动物并没有本质上的区别，人具有动物不具有的独特性，如智力、理性等使其适应人类社会环境，但动物所具有的那些独特性，如飞行的技巧、灵敏的听觉、高超的视觉，也能使动物适应其所处的小环境，从进化角度来看，人和其他生物的各自优势是等值的，并没有高下之分。其次，人类中心主义在实践上有害的。人类中心主义最大的危害就是造成了当今世界的生态危机，由于我们知识的不完备，我们不知道一个物种消失或一个特定生态系统的破坏会产生什么样的长远后果。从目前情况来看，尽管各国政府采取各种生态保护措施，但生态还是在朝着恶化方向发展，这种结果正是人类中心主义导致的结果。再次，人类中心主义在道德上是不道德的。人类道德的进步是一个道德关怀不断扩大的过程，那种把道德关怀只限定在人类范围内是短视的，用狭隘的人际伦理去处理人与自然的关系必然造成相互之间的矛盾冲突。因此，越来越多的生态学家批判人类中心主义的道德观，要求把非人类纳入道德关怀的范围。生态公正理论认为，人并非是一切事物的衡量尺度，不是宇宙的中心，也不是一切价值的源泉，也并非宇宙进化的终点。人类要有勇气走出人类中心主义的泥淖，将人的价值尺度由征服自然、索取自然向与自然平等对话、和谐相处转化，树立人不能离开自然而存在、人不能离开自然而发展的理念，承认自然界的内在价值与权利。

自然界的价值远远不是我们所想象的那样，只有工具性价值，它表现出多样性的价值形态。自然界的价值表现可以从以下几方面来理解：一是支撑生命价值。大自然在长期的进化过程中，创造了成千上万的物种，人类不过是这个进化过程晚期所产生的一个物种，人类的一切活动离不开大自然，人类依赖大自然的空气、水流、土壤、阳光、植物、动物、矿物，大自然的生态系统是人类赖以生存的家园，不管人类创造了多么巨大的人工自然，创造了多少摩天大楼、高速公路，它仍然是自然生态系统的栖息者，这一点永远都无法改变，而且越是在钢筋水泥的森林里呆久了的人类，越是强烈感觉到逃向自然的冲动，这是本性所然，是无法改变的。二是经济价值。大自然拥有经济价值，植物的根、茎、叶、籽是人类食物的来源，河流为人类提供舟辑之利，矿藏成为人类的工业原材料等，大自然物种繁多，具有巨大而丰富的实用价值，是人类一切经济活动和生活进程必不可少的前提条件。三是景观价值。人们喜欢在野外散步，是因为在大自然中，人们时时感受到大自然的奇妙与无与伦比，它带给人们不仅是身心的愉悦，也带给人们思维的启迪和无限的想象力。同时大自然具有审美价值，大自然的审美价值可以超越实用价值而丰富我们的精神世界，对自然界来说，任何物种的消失都是审美上的巨大损失。四是科学研究价值。对自然界的研究是科学研究的重要内容之一，通过对自然界的研究，我们不仅认识了自然界的进化规律，探寻了自然的奥妙，也为其他学科的发展提供了素材。五是生物多样性价值。人类只利用了很少的物种，如10个物种为人类提供了80%的食物，由于生态退化问题的存在，人类亟须保护那些濒危物种基因库，有些物种不管是否被人类利用，在某些条件下，一小点基因信息就能使人类受益无穷，一个物种灭绝所造成的损失远非目前人们认识中那点损失，那是不可挽回的巨大损失。六是历史文化价值。在大自然亘古的历史长河中，人类只是一个后来者，包括荒野在内的大自然保存着过去岁月留下的全部历史遗迹，没有化石，我们不知道我们是谁，从何而来，到哪里去，其历史价值自不待言。自然界事物还具有丰富的文化象征意义，如枫叶是加拿大的象征，北极熊是俄罗斯的象征，狮子是英国的象征，大自然对文化的影响力无处不在。七是宗教价值。人类的宗教感情大多从大自然发端而自成体系，对大自然的敬畏启迪了

人类对生命与死亡思考，自然成了人类精神的源泉，也成了宗教思想产生的源头活水。

2. 尊崇可持续的良性发展的人类生产生活方式

过去不久的20世纪，是工业文明凯歌高奏的时期，人们借助科技力量向大自然进军，创造了人类历史从未有过的经济繁荣。与此同时，就像高悬在人类头上的达摩克利斯之剑，生态危机开始威胁到整个人类的生存和命运。资源短缺、能源缺乏、土地荒化、环境污染和生态失衡日趋严重，大片的森林、草地、湿地遭破坏，大量的生物物种趋于灭绝，人类的生存和发展受到前所未有的挑战。从中国生态环境保护现状来看，情况也不容乐观。根据联合国标准，人均淡水拥有量不足5000立方米的国家，属于贫水国，按照这个标准，中国属于世界上13个贫水国之一，我国人均淡水量是世界人均量的25%。据统计，我国有300多个城市缺水，40多个城市严重缺水，我国城市河段水质超过三类标准而不适用于生活用水的已占78%，50%以上的城市地下水受到了污染，污染物排放总量已超过环境承受力。通过对300个城市空气质量监测发现，污染比较严重的城市占到了30%以上。未来几十年，我国经济社会仍将处于高速发展的时期，能源、资源消耗和资源环境约束强化之间的矛盾将趋于激烈，节能减排任务非常艰巨，但尽管这样，我国还是向国际社会庄严地承诺，到2020年，二氧化碳的排放比2005年下降40%～45%。党的十八大报告中再次强调指出，我们要“从源头上扭转生态环境恶化趋势，为人民创造良好生产生活环境，为全球生态安全作出贡献”，这不仅是中国共产党向世人发出的建设生态文明的宣言，也是中国人民坚持走绿色发展、低碳发展道路的再一次宣示，绿色发展、低碳发展已成为科学发展的必然选择。

首先，生态公正推崇绿色、低碳、可持续的生产理念。物质生产是人类社会存在的第一个前提，原始时代人类利用简陋的石器工具从自然界获取食物，那时人类生活非常艰难，正如马克思所说：“人直接地是自然存在物。人作为自然存在物，而且作为有生命的自然存在物，一方面具有自然力、生命力，是能动的自然存在物；……另一方面，人作为自然的、肉体的、感性的、对象性的存在物，和动植物一样，是受动的、受约束的和受限制的存在物。”[①]大约在距今1万年以前，农业文明的曙光开始出现，从刀耕火种到铁器的使用，人类生活水平大大提高，对自然资源的开发利用强度也在不断加大，土地资源得到空前的开发利用。我国黄河流域本是中华祖先繁衍之地，黄土高原本是森林密布、水草丰美之地，在西周时期，这里森林覆盖率尚有53%。但自秦汉以来，“移民实边”政策导致大规模的毁林开荒，经唐宋元明，黄土高原的森林和草原遭到严重破坏，形成了现在千沟万壑、支离破碎的现象。但从总体上来看，农耕文明时代，尽管生态资源遭到过度开发，但因这一时期人口密度小，农牧活动范围有限，人与自然整体上仍然处于和谐状态。18世纪中叶前后，爆发了近代以来的第一技术革命，蒸汽机广泛使用，使人类第一次能够大规模地开展改造自然的活动，随着资本主义社会的建立和新的技术革命的不断发展，人类控制自然、征服自然、向自然索取的能力大大增加，正如马克思所言：“资产阶级在它的不到一百年的阶级统治中所创造的生产力，比过去一切世代创造的全部生产力还要多，还要大。自然力的征服，机器的采用，化学在工业和农业中的应用，轮船的行驶，铁路的通行，电报的使用，整个整个大陆的开垦，河川的通航，仿佛用法术从地下呼唤出来的大量人口，——过去哪一个世纪料想到在社会劳动里蕴藏有这样的生产力呢？”[②]与人类工业文明相伴随的就是生态危机的出现，当代生态危机集中表现在大气污染、温室效应、臭氧层破坏、土地荒漠化、水质污染、海洋污染、森林等绿色屏障锐减、物种灭绝、工业废弃物猛增等生态问题。农业时代大自然对人类的报复只是局部性，而当代生态危机所带来的大自然对人类的报复则是全面的、深刻的、持续的。新的文明形态生态文明时代，就是通过绿色、低碳、可持续生产方式，从根本上改变以往工业文明时代高污染、高能耗、高排放生产方式，代之以绿色型、生态型、低碳型的可持续发展的生产方式，如循环经济就是这种生产方式，从工业文明时代的生产方式到生态文明时代的绿色生产方式，这是人类生产方式上的一次重大革命，从“原

① 马克思：《1844年经济学哲学手稿》，北京：人民出版社，2000年，第22页。

② 马克思，恩格斯：《马克思恩格斯选集》，第1卷，北京：人民出版社，1995年，第280页。

料—产品—废弃物”到“原料—产品—剩余物—产品”，通过资源能源的可持续利用，从根本上建立人与自然的和谐关系。

其次，生态公正推崇绿色、低碳、可持续的消费理念。工业文明的现代社会认为，高消费是一种时代潮流，是工业文明时代经济发展的动力，在“物质主义、享乐主义、消费主义”思想的指导下，消费更多物质财富就是幸福，能够享受更多物质财富即为成功，在现代科技的支撑下，巨量产品被源源不断从流水线上生产出来，经消费后留下巨量废弃物，这样的巨量生产、过度消费、巨量废弃物的生活消费方式已经不可持续了。2012年上半年我国机动车保有量已达2.28亿辆，私家车已达8700万辆，百户家庭汽车拥有量将达到20辆，中国已全面进入汽车社会。但刚刚进入汽车社会，在2012年的“十一”长假中就出现了高速公路被私家车塞满的现象，不要说大城市，就连中小城市也出现了堵车现象，而中国人均汽车拥有量仅是美国人均量的7.6%，试想中国要是达到美国的人均汽车拥有量，中国将拥有10.5亿辆汽车，10.5亿辆汽车按欧盟每辆车平均占地200平方米来计算，就要占地20万平方千米，差不多两个浙江省那么大，显然这样的汽车社会是不可能的，除了受土地空间制约外，也受到能源资源的制约。就目前我国经济发展来看，想保持现有发展规模与速度，也受到能源资源的强力约束。唯一可持续的消费方式就是绿色消费方式、低碳消费方式，它的主要特征是以适度消费取代过度消费，以简朴生活代替奢侈浪费，消费生活从崇尚物质消费向崇尚精神文化消费转变，在适度消费过程中，以低能耗、低排放、可再生、可循环利用、清洁能源型产品为主，以此建立资源节约型、环境友好型消费模式。

3. 平等地保障所有人的生态权益

生态公正概念是针对生态领域的不公正问题而提出的，而生态领域的不公正现象也正是生态破坏现象另一个侧面。一个地区、一个国家，生态破坏问题之所以严重，其根本原因则是社会公众生态权益的破坏。生态公正要保护所有人的生态利益主要体现在以下几方面：一是保护当代所有人的生态利益。这里有一个误区，有人认为一个地区生态破坏了，只是侵害了这个地区人们的生态利益，与其他地区的社会成员无关，这显然是错误的。人类的生态环境因其本身固有特点早已连成了一个整体，整体性、系统性是生态环境的鲜明特点，上游水域的生态将影响全流域的生态环境，二氧化碳排放影响的是整个地球的大气环境。所以在某种程度上可以这样说，每一次污染物的排放，就是对当代所有人生态权益的侵蚀，尽管有些排放是达标排放，并且已经付出了排放费用，但其对其他社会成员生态权益的侵蚀性质并没有改变。这里有一个计算问题，当代人及未来子孙后代生态权益的损失和因污染物排放所得到的经济社会发展效益之间，是否相当，如果从短期来看，得大于失，但从长期来看，失大于得，这就是不划算的，就是负效益。二是不但保护当代人的生态利益，还要保护子孙后代的生态利益。许多学者在关于生态文明的研究中，提出了“代际正义”问题，所谓“代际正义”其实质是解决地球上的有限资源在不同代际间的合理分配与补偿问题，为了人类的可持续发展，当代人有责任有义务在自己发展的同时也为子孙后代的发展留下资源与生态基础。有些工业项目，从短期来看，甚至从当代来看，是正效益，但如果从长远来看，把子孙后代的生态利益纳入进来综合计算，就有可能是负效益，实现生态公正要保护所有人的生态权益，当然也包括子孙后代的生态权益。

二、生态公正的内容

从哲学的角度来看，生态公正源于人的三重属性：人具有类存在、群体存在和个体存在三种存在形式。与此相对应，生态公正也有三种不同的表现形式：人的类属性对应于种际生态公正；人的群体属性对应于群际生态公正，包括代内公正、代际公正；与个人属性相对应的是个体间生态公正。

1. 种际生态公正

种际生态公正是指人与大自然之间的生态公正，它强调人类与大自然之间应该保持一种适度的开发与保护关系，既不能为了人类的利益破坏大自然生态环境，也不能为了保护自然生态环境而罔顾人类的生存与发展，人与自然环境

之间构建一种共生共荣、相互协调、相互包容关系，在能量和物质交换上达到动态平衡，使人类社会能够可持续发展下去。种际生态公正要求人类要有意识地控制自己的行为，合理地利用和改造自然，维护自然生态系统的内在平衡，保持生物的多样性。

种际生态公正试图重构人与自然的相互关系。种际生态公正的提出是对人类中心主义的否定，是基于自然内在价值而提出的人与自然和谐共处的生态伦理观。人类中心主义认为人是万物的主宰和尺度，万物皆备于我、天地之间人为至尊，这完全是人类自我膨胀、自我想象的结果，真实的历史事实是人类是自然界长期进化的结果，人类产生于自然界，人类一刻也离不开自然界，无论人类的科技多么发达，人必须栖身于自然界才能生存发展，这是无法改变的自然规律。马克思说："整个所谓世界历史不外是人通过人的劳动而诞生的过程，是自然界对人来说的生成过程。历史本身是自然史的即自然界成为人这一过程的一个现实部分。"[①]马克思的话清楚地表明了自然对人的基础性和先在性。既然自然具有对人的先在性和基础性，人类就应该树立起敬畏自然、尊重自然的理念，合理适度地利用开发自然，建立起人与自然和谐统一的关系。

种际生态公正试图重构人与自然的价值关系。自然具有价值的二重性，一方面自然生态资源表现出对人的价值，人类可以利用自然资源为自己服务；另一方面自然本身具有内在的、固有的价值，自然的存在是自为的、自在的，承认自然的内在价值并没有贬低人类的尊严，承认自然的内在价值并没有否定自然属人的价值，自然的属人价值恰恰是自然内在价值表现之一。承认自然的属人价值也并不意味着人可以无视自然内在价值而为所欲为，而是要成为自然的管理者与守护者。

种际生态公正的基本要求主要体现在以下几方面：一是保持生物多样性。1992年6月1日由联合国环境规划署发起的政府间谈判委员会第七次会议在内罗毕通过了《生物多样性公约》（以下简称《公约》），《公约》提醒决策者，自然资源不是无穷无尽的，人类要树立生物多样性的可持续利用理念，生态系统、

① 马克思，恩格斯：《马克思恩格斯全集》，第42卷，北京：人民出版社，1979年，第128页。

物种和基因可以用于人类的利益，但这应该以不会导致生物多样性长期下降的利用方式和利用速度来获得。当生物多样性发生显著地减少或下降时，不能以缺乏充分的科学定论作为采取措施减少或避免这种威胁的借口。世界各国应该严格按照《公约》规则，努力保持生物多样性，同时应尽可能把《公约》具体化为本国环境法规和政策，使世界各国生物多样性呈现出良性发展的局面。二是保护濒危动植物。每一个物种的消失都是大自然无可挽回的巨大损失，其价值无法用金钱来衡量。世界物种保护联盟宣称：地球上大约有11046种动植物面临永久性从地球上消失的危险，包括1/4的哺乳类、1/8的鸟类、1/4的爬行类、1/5的两栖类和近1/3的鱼类。而这种危机几乎全是由人类造成的。实施重大生态修复工程是实现种际生态公正的必然选择，只有大力实施生态修复工程，才能为生物多样性奠定生态环境基础，才能为濒危动植物提供安全的栖息地。

2. 群际生态公正

群际生态公正是指人类不同群体之间的生态公正，它主要包括代内生态公正和代际生态公正。

(1) 代内生态公正

代内生态公正是指同处一个时代的不同民族、不同地域民众、群体、性别之间的生态公正。代内生态公正强调同一时空下不同群体生态权益和生态责任的对等，任何群体既不能只享有或多享有生态权益而不承担或少承担生态责任，也不能只承担或多承担生态责任而不享有或少享有生态权益。代内生态公正又可分为发达国家与发展中国家之间的国际生态公正、发达地区与后发地区之间的域际生态公正、强势群体与弱势群体之间的群际生态公正、男性与女性之间的性别生态公正。

发达国家与发展中国家之间的国际生态公正是目前构建代内生态公正的重要领域。世界银行首席经济学家劳伦思·萨默斯（Lawrence Summers）在1992年初的一份备忘录中指出，发达国家向发展中国家通过贸易渠道输出危险废弃物和通过投资渠道输出污染密集产业，既符合贸易和投资自由化的原则，也是一种“双赢”策略，应该鼓励废弃物出口到发展中国家，污染型企业和生产活动也应该转移到这些国家，这是因为：一是发展中国家人的平均寿命和收入较低，由疾病和过早死亡造成的生产和收入损失较低，污染成本也就最低；二是发展中国家具有更大环境容量，环境污染边际费用较低，而发达国家污染的边际费用昂贵；三是发展中国家环境被破坏时，补偿费用较低。萨默斯的理论把所谓边际效应作为处理污染问题的依据，从根本上漠视人的尊严与价值，是打着平等贸易幌子的强权逻辑，是对环境伦理、生命伦理、经济伦理和国际条约有关原则的严重践踏。但是我们又要看到，国家间生态领域的不公正现象也跟发展中国家因经济欠发达而在环境准入上过低标准密切相关，发达国家对造成环境污染的生产企业严格禁止，而发展中国家为了发展本国经济却还在以巨大优惠把这些夕阳企业揽入怀中，这也为发达国家对发展中国家进行生态倾销提供了条件。可见，要从根本上改变在生态领域国家间不公正秩序，除了发达国家要主动承担起生态责任外，发展中国家也应该从发展困局中解脱出来，必须结束杀鸡取卵、竭泽而渔式的开发行为，避免走“先污染后治理”的老路，积极推进“循环经济”、“生态补偿制度”、“工业生态园”，维系人与自然之间的协调发展，以长远的眼光看问题，走符合本国国情的保护生态环境的可持续发展道路。

发达地区与后发地区、强势群体与弱势群体、男性与女性之间生态公正，其实质跟发达国家与发展中国家之间生态公正并没有根本的不同，萨默斯的理论在这些问题上只是变成了后发地区、弱势群体、女人收入低，受到环境危害时其损失相比较发达地区、强势群体、男人为低，所以我们常常看到污染项目总是集中在后发地区、穷人区。惊人的相似还表现在发展中国家以低环保标准吸引发达国家的夕阳产业，而我国中西部等欠发达地区争先恐后地把东部发达地区的高污染企业梯度转移到自己区域，一来把工业污染物留在当地，二来以较低环保条件允许开发当地环境资源，使当地生态环境遭到破坏。可见，要想实现域际、群际、男女之间生态公正，就必须建立公正平等的地区关系、阶层关系、性别关系，要通过法律政策，使发达地区、强势群体、先富起来的群体承担更多的生态责任，使后发地区也有严格的环境准入标准，从而实现所有地区和群体平等共享生态权益、共担生态责任的良好局面。

(2) 代际生态公正

代际生态公正是指当代人与后代人之间的生态公正。它强调当代人与后代人在生态资源的利用上要实现动态的平衡，既不能为了当代人利益过度开发自然资源而使子孙后代无自然资源可用，也不能为了子孙后代的利益而使当代人不能使用现有的自然资源，合理的状态应该是自然资源的使用既满足当代人生存发展的需要，又不会对子孙后代生存与发展构成威胁，为子孙后代留下可供利用的生态资源和发展条件。

代际生态公正是尊崇这样一个理念，即当代人所处的生态环境并不完全属于当代人，一方面是从前代人那里继承而来的，另一方面又是从后代人那里借用过来的，生态资源属于所有的人，包括子孙后代。建立了这样的观念，就意味着当代人所有的生态足迹其效益计算不仅要计算当代的生态效益的损益，还要计算子孙后代生态效益的损益，如一个水电大坝的修建，不仅要计算当代的经济社会生态效益，更要计算未来子孙后代时期大坝所造成的生态环境影响及其效应，杀鸡取卵、竭泽而渔式开发自然生态资源所折射出的是当代人极端自私心理，是“我死后，哪管洪水滔天”、断子孙后代路的行为，这样的行为是到了该结束的时候了!

3. 个体间生态公正

个体间生态公正是指特定时空之下社会成员个体之间的生态公正。个体间生态公正落脚于每一个社会成员，强调对每一个社会成员在生态权益和生态责任上的对等，生态文明的建设除了国际、域际、群际、代际生态公正的构建之外，更为根本是取决于生态公民的培育和养成，生态环境的破坏归根到底是由一个个具体的社会成员实施的，通过构建个体间生态公正，进而形成一个由生态公民构成的公民社会，是生态文明建设的深厚社会基础。

个体间生态公正构建着眼于生态权益和生态责任的个体化。从生态环境恶化的具体历史来看，有两个原则主导了社会成员的个体生态行为：一是“方便原则”，如把废弃物随意排放、丢弃在无人管理或成本较低的区域，由不特定对

象承担环境破坏的后果；二是“最小抵抗原则”，把废弃物丢弃、排放在不会反抗或反抗力较小的特定区域。如果生态环境破坏行为并不直接损害行为者权益，而废弃物排放又存在着巨大的利益空间，那么从经济人的立场出发，生态环境破坏者的行为就是理性的选择。个体间生态公正的构建就是为了打破这种经济人理性选择，通过环境立法、税费政策、个体行为矫正等途径建立起所有社会成员对自己每一个生态行为负责的机制，如一个公民拥有远远超过自己使用能力豪宅，每天都在消耗着大量的水、电等资源，排放着大量的废弃物，尽管该公民付出了相应的费用，但从个体间生态公正来看，该公民违反了资源节约利用原则，其行为应该受到谴责，同时要通过税费政策调整加大其费用成本付出，从而促进全体社会成员养成节约资源能源、低碳生产、低碳生活、低碳消费的生态理念，为生态文明建设提供强大的社会动力。

三、生态公正的基本原则

1. 环境正义的原则

在当代西方，罗尔斯以正义原则为基础，重申自由主义的原则，提出“作为公平的正义”包含着强烈的平等主义的内蕴，对生态公正原则研究提供了重要的理论参考。罗尔斯的正义理论由两个正义原则组成：“第一，每个人对与其他人所拥有的最广泛的基本自由体系相容的类似自由体系都应有一种平等的权利；第二，社会的和经济的不平等应这样安排，使它们在与正义的储存原则一致的情况下，适合于最少受惠者的最大利益；并且，依系于在机会公平平等的条件下职务和地位向所有人开放。”[①]这里，第一条原则实际上就是自由优先的原则，第二条原则则是机会平等原则和差别原则的结合。第一条原则高于第二条原则，第二条原则中，机会平等原则高于差别原则。罗尔斯的正义原则对生态公正原则的制定具有重要的参考价值。

1991 年美国“第一次全国有色人种环境领导高峰会”（People of Color

① 约翰·罗尔斯：《正义论》，何怀宏，等译，北京：中国社会科学出版社，2001 年，第 302 页。

Environmental Leadership Summit）在华盛顿召开，提出了环境正义17条原则，其主要内容有：①环境正义保证地球母亲神圣、生态系统的统一，所有物种的相互依赖性和免受生态破坏的权利；②环境正义要求公共政策必须以给予所有人民尊重为基础，不得有任何形式的歧视和偏见；③环境正义要求保护人民，使之免遭核试验、有毒或危险废物及毒药的危害，不使核试验威胁其享受清洁空气、土地、水和食物的基本权利；④环境正义确保全体人民政治、经济、文化和环境自决的基本民主权利；⑤环境正义要求停止生产各种有毒物品、危险废物和放射性物质，所有过去和当前的生产者，必须对人民负责，在生产现场消除毒性、抑制危害；⑥环境正义要求全体人民享有作为平等的主体参与各个级别的决策的权利，这些决策包括需求和评估。[①]美国环境正义17条原则也为生态公正原则提供了内容方面的借鉴。

2. 现代意义上生态正义的原则

（1）普遍共享原则

党的十八大把科学发展观作为全党的指导思想写入党章，科学发展观的核心是以人为本，以人为本表现在生态公正方面就是全体社会成员共享生态文明发展的成果，每一个社会成员的生态权益应当持续不断地得到保护，从制度机制上遏止防止以牺牲一部分人的生态权益来满足另一部分人生态需要的状况。这一原则其要义集中表现在以下几方面：一是从全球范围来看，发达国家与发展中国家要共享全球生态资源。从过去历史来看，发达国家以20%的人口，消耗全球80%资源，这其中也包括生态资源，发达国家通过不公正的国际政治经济秩序，在发展中国家进行资源开发、低端产业转移、产品销售，掠夺其生态资源，并把生态污染转嫁给发展中国家，发展中国家的生态权益得到极大侵害。生态公正首先就要做到在全球范围内，发达国家和发展中国家能够共享全球生态资源，做到资源共享、普遍受益、共同发展。二是从一国范围来看，各地区、各阶层能平等共享生态资源。生态资源的不公平分配是目前生态文明建设中需

① 纪骏杰：《环境正义：环境社会学的规范性关怀》//《"环境价值观与环境教育"学术研讨会论文集》，台南：国立成功大学台湾文化研究中心，1997年，第7193页。

要着力解决的重要问题。我国中西部地区，是各类能源资源富集地区，但其资源能源大多输往东部发达地区，生态及资源的不均衡分配造成了中西部民众生态权益的流失。还有些生态环境破坏较大的地区，如山西产煤地区，其大部分城乡居民因制度障碍仍居留在原地，承受着生态恶化之苦；而少数先富起来的人则可以通过投资、购房、创业离开本地，"逃离"了生态恶化之地。从社会阶层来看，先富起来的人享受了更多更优质的生态资源，如富人们冬天可以在海南岛度假，夏天可以在长白山休养，生态良好、气候宜人之地总是他们度假休息的首选。生态权益的不公平分配恰恰是目前我国生态环境恶化的重要原因之一，构建生态公正就必然要求全体社会成员公平享有社会生态资源，保障每一位公民的生态权利。

(2) 权责匹配原则

权责任匹配原则就是指全体社会成员在生态权益的享有和生态责任的承担上要相一致，只享有生态权益而不付出成本，或只付出成本而不能享有生态权益都是不符合生态公正原则的。从目前我国环境恶化现状来看，恰恰是在生态权责匹配上出现了问题，才导致了这一后果的产生。有些企业把污染外部化，而把产品红利尽归已有，公共生态资源成了名副其实的公地，"公地的悲剧"一再上演，导致环境破坏加剧，生态问题日趋严重。生态权责匹配原则其要义表现在以下两方面：一是谁污染谁治理。所有的企业、非企业组织、团体、个人都要对自己的生态行为负责，只要形成了对生态环境的污染破坏，就必须承担起减少、治理直至根除的责任，这一责任是企业、非企业组织、个人义不容辞的环境责任，要从制度体制上杜绝环境污染找不到或不找责任主体的行为，只有有人承担责任，并付出相应代价，环境污染愈演愈烈的态势才可遏制。二是谁受益谁付费。优良的生态环境是通过机会成本的付出、财力物力人力及技术的投入才获得的，如果受益者免费享有就会出现搭便车现象，为了杜绝搭便车现象，最好的办法就是采取谁受益谁付费原则，具体说来，就是生态资源的享有者、受益者以纳税或其他方式上缴一部分收入的方法，如西方发达国家的碳交易其实质就是谁受益谁付费的具体举措，我国目前在这一方面还落后于发达国家，需要今后在这一方面加大创新力度，探索出一套科学合理公平公正的资源环境税收制度，以促进生态公正的实现。

(3) 差别原则

罗尔斯正义理论中差别原则，其要义是最小受惠者最大利益原则，这一原则同样适用于生态公正领域。生态公正的差别原则是指生态权益的分配上，优先倾斜于生态权益享有的贫困者，最大限度增加他们的生态福利。从全球范围来看，由于国际不公正的政治经济秩序的存在，国与国贫富差别巨大，资源占有享有严重不均，在应对全球生态环境问题时，要优先照顾发展中国家的生态利益，发达国家应该帮助发展中国家在消除污染、维护生态平衡方面提供相应的资金和技术，而不应该以保护环境为借口，实施“环境沙文主义”，扼杀发展中国家的发展权。同时，尽管环境保护是人类共同的责任，但是在责任分担上要区别对待，发达国家理应承担起更多的环境责任，一来为自己长期以来对资源的过度消耗埋单，二来也为发展中国家作出榜样，西方发达国家口口声声称自己是全球事务主导者、领先者，多承担责任率先作出榜样也是实至名归。从国家范围来看，差别原则就是要优先考虑生态环境破坏严重地区居民生态权益问题，把保障他们生态权益保障放在优先位置上。这些地区或是人口密集地区，或是工业污染严重地区，或是资源过度开发地区，或是废弃物堆放处置地区，这些地区居民承受了巨大的环境污染压力，优先改善他们的生态环境条件是差别原则的首要要求。发达地区和先富起来的人群要承担起更多的生态环境维护、保护、修复的责任，一来因为造成我国生态环境恶化的责任划分，发达地区有着更多的责任，同样，作为我国经济社会发展成果的较大受益者，先富起来的人群也应该承担更多的生态责任；二来发达地区和先富起来的群体，具有雄厚的财力与技术，他们承担更多的生态责任也具备物质技术条件，同时发达地区作为我国经济社会发展的先行者，理应承担起更多的生态责任，这不仅是欠发达地区人民的期望，也是整个国家对它们期望。

(4) 补偿原则

补偿原则是指针对生态权益分配过程中出现偏差的补救矫正机制。首先，那些长期以来无偿占有、使用生态资源者，或已对生态环境造成污染破坏但没有付出任何成本者，要通过更多的承担生态责任来补偿以往自己的责任，也可探索建立责任追溯机制，即对那些造成重大环境污染的企业、非企业组织、个人在一定期限内追究责任的机制，通过责任追溯对历史有一个严肃负责任的交待。其次，对那些因保护生态环境付出巨大成本的企业、群体、个人要有相应的成本补偿。如水源地居民为了保护水源地不受污染，不办企业、农业不施化肥，为了涵养水源，不随意砍伐树木，付出巨大的机会成本，该水源受益地居民理应为享有洁净水源而付费给水源地居民，从而保证水源水质的长期稳定。企业也是一样，企业为节能降耗付出巨大的成本，国家理应从资金支持、税收优惠、技术支持上予以倾斜扶持，否则企业节能减排就没有动力。

第三节　实现生态公正的意义和路径

实现生态公正是实现社会公正重要内容，也建设生态文明的重要制度保障，对建设一个公平公正、和谐富强、可持续发展的社会主义社会具有重大的现实意义。

一、实现生态公正的现实意义

1. 生态公正是建设生态文明的重要制度保障

生态公正说到底是一套保护全体社会成员生态权益的制度机制，如何建设生态文明，在当前我国生态环境破坏严重、资源能源制约日趋严峻的条件下，生态公正作为制度机制，其价值突出表现在以下几方面：一是从目前我国生态环境恶化的现实来看，其根本原因就是没有建立有效的生态公正的制度机制，建立体现生态公正的一系列制度机制是遏制生态环境污染破坏的有力武器。2007年6月，太湖蓝藻突然疯长，大量蓝藻迅速腐烂，形成的恶臭污水渗入无锡自来水厂，1周时间内，人们不得不用买来的纯净水来代替自来水，给当地居民生活带来了极大困扰。太湖蓝藻事件是我国众多环保事件中其中一个，基本上代表了我国众多环境污染事件的一般特征。为什么会发生太湖蓝藻事件？

经事件调查组进行的详细调查表明：造成此次水源地水质突变的原因，主要是这一水域内存在巨大蓝藻污水团，突然侵入水源地取水口造成。为什么会形成蓝藻污水团，因为太湖水被污染，水体营养化了，蓝藻在极富营养化的太湖水中疯狂生长。而太湖的污染则来自太湖周边企业的排污。其实太湖污染问题由来已久，被查处的污染企业早已存在，有关部门对污染问题并非毫无知晓，但就是要等到危机出现才去处理。如何避免太湖悲剧在我们身边重演，其根本路径就是建立体现生态公正的制度机制，用制度保障每一位公民的生态权益，用制度约束政府、企业生态行为，通过处罚政府相关职能部门渎职行为、企业的排污行为，才能从制度机制上杜绝环境污染事件的重演。二是实现生态公正是激励生态保护行为，从而为维护、保持、修复生态自然环境增加正能量的重要前提。生态环境保护需要付出成本，付出成本需要回报，如果没有回报其行为就不可持续，生态环境需要永续保护，是一个无止境的过程，因此，建立稳定的生态保护的激励机制就至关重要，对那些为生态保护、维护、修复作出贡献者给予相应的成本回报就必不可少，而这正好是生态公正的应有内容，生态公正是建设生态文明的制度基础，其道理就在这里。

2. 生态公正是生态文明建设的稳定推动力

我国建设生态文明，其内容除了保护自然生态环境，保持自然生态资源的可持续利用，建立人与自然和谐共生关系之外，也有着制度机制方面的重要内容，制度机制方面的内容更具根本性，生态文明本质上是制度文明。从人类文明的以往形态来看，经济的发展、社会的和谐，都只是文明的外部表现，文明的根本乃是一整套包括法律制度在内的制度体系，生态文明的建设也是如此，必须要建成一整套科学完备公正公平的制度体系，这套制度体系建成了，实现了生态公正，生态文明建设就获得了可持续的稳定的推动力。

3. 生态公正是社会公正的重要组成部分

实现社会公正是中国特色社会主义的建设的重要内容，党的十七大报告指出：“实现社会公平正义是中国特色社会主义的内在要求，处理好效率和公平的

关系是中国特色社会主义的重大课题。"党的十八大报告再一次重申了这一中国特色社会主义的基本特征："在新的历史条件下夺取中国特色社会主义新胜利，必须牢牢把握以下基本要求，并使之成为全党全国各族人民的共同信念"、"必须坚持维护社会公平正义"。可见，建设一个公平公正的社会是我国社会主义建设的重要目标。生态公正是社会公正的重要组成部分，这是因为：首先旨在处理人与自然关系的生态公正，越来越成为社会生产生活中的重大问题，其分量越来越重，如果在社会公正中抽去了生态公正，社会公正将残缺不全，不足以反映社会生产生活的各个方面；其次生态公正从本质上看是社会公正的反映，有什么样的社会公正就有什么样的生态公正，自然生态问题其实质是社会问题的反映。正如马克思在《1844年经济学哲学手稿》所说的："自然界的人的本质只有对社会的人来说才是存在的；因为只有在社会中，自然界对人来说才是人与人的联系的纽带，才是他为别人的存在和别人为他的存在，只有在社会中，自然界才是人自己的人的存在的基础，才是人的现实的生活要素。"[①]因此，生态公正的建立从根本上有赖于社会公正的建立。

二、实现生态公正的基本路径

实现生态公正是美丽中国建设的重要制度条件，也是美丽中国建设的既定目标。生态公正的实现，有赖于公正合理的国际新秩序，有赖于党和政府路线方针政策的改革创新，有赖于中国法治社会建设的推进，也有赖于公民社会的迅速成长，有赖于每一个社会成员付出艰辛的努力。

1. 加强国际合作，探索建立公正合理的国际生态问题合作协调机制

在目前国际社会，因为各国经济社会发展水平不同、文化差异巨大，对生态文明认识程度也不尽相同，世界各国在全球生态环境问题上不同程度陷入"公地悲剧"，实现在全球生态环境问题上的国际合作已到了刻不容缓的地

① 马克思：《1844年经济学哲学手稿》，北京：人民出版社，2000年，第83页。

步。第二次世界大战以来，联合国在国际合作中发挥了很大作用。联合国召开了多次关于应对全球生态环境问题的国际会议，通过了《人类环境宣言》、《关于环境与发展的里约宣言》、《21世纪行动议程》、《可持续发展世界首脑会议执行计划》、《约翰内斯堡可持续发展声明》等文件，对应对并解决全球生态环境问题发挥巨大的作用。1997年，160多个国家在日本东京参加《联合国气候变化框架公约》大会，通过了旨在减排温室气体的《京都议定书》。

建立公正合理的国际生态问题合作协调机制，一是必须明确国际生态环境问题的主要责任，发达国家必须承担起治理全球环境问题的主要责任，必须向发展中国家在治理环境污染方面提供资金和技术支持。二是在国际环境事务中，充分发挥发展中国家的主体作用，更多地听取他们的意见，反映他们的诉求，确保他们具有与发达国家一样的权利，从而维护发展中国家的平等的生态环境权益。三是充分考虑发展中国家的特殊国情和需求，优先解决发展中国家事关国计民生的环境生态问题，把发展中国家的经济社会的全面发展与生态问题的解决统一起来，在保护发展中国家生态环境的前提下，促进发展中国家经济社会发展和人民生活水平迅速提高。

2. 把资源消耗、环境损害、生态效益纳入经济社会发展的指标体系

国内外生态文明建设的实践表明，政府在生态环境保护中居于举足轻重的地位。从我国近年来发生的重大生态环境事件来看，究其原因都是与政府的不作为、乱作为直接有关，更有甚者，政府成为破坏生态环境的始作俑者，这不能不引起我们的高度关注与深思。各级政府承担着发展一方经济、保一方百姓民生的重任，发展经济是硬任务，如何使发展经济与环境保护实现有机统一，其基本方向就是把环境保护也作为硬指标列入各地经济社会发展的指标体系，从根本上改变目前环境保护缺乏硬约束局面。

各级政府要切实承担起以下责任：一是把资源消耗、环境损害、生态效益纳入本地经济社会发展的评价体系中，以此形成对生态环境保护的硬约束；二是严格按照主体功能区规划定位发展，不得突破各主体功能区界限越位发展，构建科学合理城市化格局、农业发展格局、生态安全格局；三是各级政府要承

担起本地区重大生态修复工程实施责任，加大投入、限期修复，给本地区广大人民群众提供一个安全、优良的生态环境。

3. 加大制度创新，探索建立体现生态公正的官员政绩考核机制

从目前我国重大环境污染事件的微观解剖来看，政府主管部门的渎职行为是其重要原因，但又不能把责任全部推给地方政府和其主管部门，一是因为我们目前对官员的考核基本上把经济发展总量、增长速度、财政收入等指标列为重要内容来考核，绿色GDP考核尚在论证之中，环境污染、生态破坏尚没有纳入主要考核指标之中，从政绩考核的导向上就不利于生态公正的实现；二是从地方政府角度来看，一些企业尽管是污染大户，但是它又承担着促进本地经济发展、实现就业税收等任务，国家尚没有治污的硬性规定，故这些污染企业得以长期在一些地方运行，并随着梯度转移，逐渐向欠发达地区转移。因此，根本的解决之道就是尽快建立绿色GDP考核体系，尽快把当地生态环境各项指标纳入官员政绩考核之中。党的十八大报告指出："建立体现生态文明要求的目标体系、考核办法、奖惩机制。"要尽快出台科学完整的官员政绩考核办法，使实现生态公正成为各级官员的自觉追求。

4. 加大法律政策创新力度，建立权责匹配生态权益保护机制

从以往历史来看，政府、企业、个人都有可能成为生态环境的破坏者，而企业因其承担着社会产品的生产责任，更容易成为生态环境的污染与破坏者，建立权责一致的生态权益保护机制在目前已到了刻不容缓的地步。

首先，要不断完善法律制度，为生态公正提供法制保障。1992年在联合国环境与发展大会上，中国就向世界宣布：中国已经建立了较为完整的环境法体系。但是，与环境立法的迅速发展不相适应的是，环境法的实施状况不尽人意。不断出台的环境法律法规并未对环境保护与污染防治产生预期效果。其主要原因是利益集团的经济利益在与公众权利、个体权利的博弈中占了上风。因此，环境立法要应充分考虑法律关系上的利益关系与现实经济生活中的利益关系，建立起利益均衡机制，调整合法行为之间的利益关系，使有利于环境保护的行

为可以获得合理的经济回报，不利于环境保护的行为需要付出相应的成本。不断提高环境违法成本，一方面，加大对环境违法行为的处罚力度，另一方面，建立完善的环境侵权损害赔偿法律制度，这就要求加快公民环境权利的立法速度，通过立法明确公民环境权利，为全体社会成员平等享有生态权利从而实现生态公正提供法律保障。

其次，不断创新财税政策，建立起体现生态公正的政策体系。一是加大财政对环境保护的资金投入，积极推进环境保护、节能减排方面的技术进步，推动金融机构和社会资金对生态环境方面的投入，形成以政府为引导，全社会多元投入的环保投入机制。二是加大对采用节能减排新技术的企业的补贴力度，补贴资金与节能减排量挂钩，达不到节能减排要求的企业要给予处罚或进行淘汰。三是对环保产业给予税收优惠，并将其扩大到环保机器制造、环保工程设计施工安装、环保工艺等领域，对使用环保产品、技术、工艺或者在资源开发利用中减少环境污染和资源损耗的纳税人给予税收减免。四是建立公平公正的生态补偿机制，通过财政转移、差别税收、税收返还等政策，构建起生态受益区与生态成本付出区之间利益补偿机制，使生态成本付出区居民或企业得到相应的经济回报，以促进地区关系良性发展。五是开征环境新税种，健全环境税收体系。尽快建立资源有偿使用税收制度，目前我国现行的资源税的征税对象既不是全部的自然资源，也并非对所有具有商品属性的资源都征税，而是主要选择对矿产资源进行征税，绝大部分生态环境资源没有纳入征税范围，需要逐步探索尽快建立起涵盖所有生态环境资源的资源税收制度，为生态环境保护提供法律屏障。另外，目前我国对污染企业征收排污费，标准过低，对企业形不成刚性约束，因此开征环境税是必然选择。现阶段开征环境税种可以先从排污费征收范围入手，将排污费中的污水、废气以及工业固体废物收费改为相应税种，之后再逐步扩大征收范围，提高征收标准。鉴于目前汽车尾气已成为城市空气污染的主要来源，建议试点征收汽车排污税，以引导消费者尽可能购买低能耗或清洁能源汽车。

5. 发达地区和先富起来的人群要承担更多的生态环境保护方面的责任

保护环境的主要责任在各级政府，这是因为生态环境基本上是公共资源，对公共资源的保护利用是政府的天然职责，各级政府是环境保护的第一责任人，这是首先要树立起来的观念。同时，我们又要看到，在我国生态环境恶化过程中，发达地区和先富起来的人群因历史原因没有付出生态方面的成本，现在该是还本付息的时候了，他们理应承担起更多的生态环境保护方面的责任，在财政税收环境政策设计方面，要通过差别政策，使其承担起更多的责任，这也符合先富者帮助带动后富者的思想，只有这样，生态公正才能真正实现，美丽中国建设就有了坚实的制度基础与保障。

第二章　生态安全

生态安全是人类生存与发展的最基本安全需求，它是一个时代性命题，不仅为生态文明建设提出了优先任务，也是生态文明建设的基础。生态安全在国家安全体系中未必处于优先地位但应当始终处于基础性地位，它是国防军事、政治和经济安全的基础和载体，与国防安全、经济安全、社会安全等具有同等重要的战略地位。

第一节　生态安全的意义

一、生态安全的概念

1．生态安全的含义

国家安全意义上的生态安全是指与国家安全相关的人类生态系统的安全，是指人类及其生态环境的要素和系统功能始终能维持在能够永久维系其经济社会可持续发展的一种安全状态。

当今国际社会，由生态问题引发的国际政治、军事、经济、科技等方面冲突与摩擦的比例日益增大，已成为影响国家安全的一大隐患。因此，生态问题对国家安全的影响，已不单纯是经济问题或科技问题，生态安全应当提到政治安全、军事安全、经济安全、科技安全同一层次上，构成国家安全的又一种外延。

2. 生态安全的要求

生态安全最基本要求则是通过人类社会对于生态环境的有效管理，确保一个地区、国家或全球所处的自然生态环境（即由水、土、大气、森林、草原、海洋、生物组成的生态系统）对人类生存的支持功能，使其不至于减缓或中断人类生存和文明发展的进程。

二、生态安全的分类和地位

1. 生态安全的分类

"生态安全"分为"要素安全"和"功能安全"两类。

"要素不安全"是指宇宙辐射、阳光、土壤、水、空气、植被等参数中任何一个或多个参数的变动导致的不安全。

"功能不安全"是指局域或全球性的生态环境的功能性指标，如人类及动植物生长适宜度、地球表层的物质循环状态等有序及紊乱程度等参数的变动导致的不安全。

生态不安全也是一个人类生态系统不断从要素不安全向功能不安全的演化过程，发生原因上既有地球表层演化的自然因素，也有人类经济活动导致的非自然因素，20世纪末以来人类活动的影响首次超过自然界演化的影响。

生态安全的要素不安全往往具有局域性，生态安全的功能不安全往往具有整体性，甚至具有全球性。一个国家既不能独善其身，也不能从根本上解决生态安全问题。要确保自身的生态安全往往要着眼于一个地区、一个区域、一个国家，乃至全球。因此，基于生态安全意义上的生态文明建设也必须是全球化的，只有树立全球生态文明观，生态安全的全球化才有可能实现。这种生态全球化趋势逼迫人类从现有的国家政治转向全球政治。《京都议定书》的减排计划仅仅是一个开端，任何国家都必须清醒地认识到这一点。

从纯粹的自然观看，不同的生态系统具有关联性和层次性，全球生态系统是最高层次的生态系统，它由地球上所有区域生态系统和各类、各层次生态系统组成；区域生态系统和各类、各层次生态系统相互作用，同时作用于全球生态系统，形成互为存在状态。统计物理中从系综到系统的经典描述为理解不同层次的生态系统演化提供了最直接的方法。

不同层次的生态安全问题，需要不同层次的解决框架，低层次、小范围制度建设只能解决局部问题，全球问题的解决需要全球性的制度建设，很遗憾，人类经历了几十万年乃至几百万年的进化，又经历了数万年的采猎文明、数千年的农耕文明和数百年的工业文明整合，已初步显现出了全球一体化的表象，但实质上，人类尚未摆脱狭隘的国家主义的桎梏，尚未进化成全球意义上的生态文明人类。因此，全球性生态安全问题的彻底解决只有期待于全球性的生态文明制度建设，这也许是一个特别漫长的过程。

千里之行，始于足下。全球性生态安全问题的出现，成为整个人类向生态文明进化的转折点，好在信息技术的迅猛发展，为全球生态文明的制度建设提供了足够容量和速度的“超级大脑”，从互联网到互感网的信息范型转变也为全球生态文明制度建设提供了全新的管理手段，能够完成全人类的沟通，能够形成共同的生态价值观，能够高效熟练地掌握符合全球运行规律的协调管理配置全球资源的“超级工具”。尽管人类已经踏上月球，人类的飞行器甚至已经飞出太阳系，人类的射电天文望远镜已经能够观察到距我们数亿光年的星云，但我们对于地球的了解很少，地球是一个复杂的巨系统，也许永远是一个不解之谜，让我们多存点敬畏，让我们人类在地球的怀抱中多待一些时日，地球是复杂的，地球上的生态系统迎来送往了多少过客，有多少植物灭绝了，有多少动物灭绝了，难道人类就不会灭绝吗？好在人类拥有文化，有能力建设一个生态文明的地球，但愿人类不辜负地球的恩赐，能与地球在宇宙间共舞、共存、共生。

从工业革命以来，生产和消费无节制的增长成了社会文明和国家先进的主流模式，这种文明的扩张，在数百年间消灭了规模较小的其他文明模式，这些所谓的“落后民族”在设计人类社会的实践中所形成有利于人类长期生存和令人幸福的文化习俗荡然无存，取而代之的是那些强势国家和社会因军事和经济上的成就而推行的追求消费、浪费资源、以邻为壑、污染环境的政策和文化。这种文化将地球上任何国家和地区和个人都拉入这种恶性竞争，无人能置之度

外。工业文明的战车将地球和人类拖上了一条不归之路。我们正处于工业文明到生态文明过渡的转折点，人类别无选择，任何国家和地区别无选择，否则，人类就会像漂泊于海上遇难船只，在争夺有限食物和淡水资源中相互蚕食，最后的幸存者也必将耗尽资源而灭亡。直到目前为止，地球仍旧是宇宙中的人类孤岛，如何可持续生存则检验着我们人类的生态智慧。

2. 生态安全的地位

生态安全不是一个独立的问题，而是与经济安全、国家安全和军事安全密切相关的。

曾任美国参议院军事委员会主席的萨姆·努恩认为："我们的国家安全正面临着一种新的、与众不同的威胁——环境破坏。我认为，我们国家最重要的安全目标之一，必须是使正在加速的全球环境破坏步伐得到逆转。"

国际生态安全合作组织总干事蒋明君博士认为："生态安全在国家安全体系中未必处于优先地位但应当始终处于基础性地位。与国防安全、经济安全、社会安全等具有同等重要的战略地位，而生态安全则是国防军事、政治和经济安全的基础和载体"，"一场局部战争要有一个漫长的外交过程，而一次突发性的生态灾难是瞬间的，其造成的人员伤害和经济损失要比一场局部战争严重得多。生态安全不仅仅是环境保护，它直接影响人类生存和国家发展，我们要从国家战略高度关注生态安全"，"在这个地球上，没有一个人是孤立存在的，国家也是这样！21世纪最大的政治问题，一是生态安全，二是资源安全。近年来，国家与国家、地区与地区之间所发生的冲突与生态安全和资源安全有直接关系。因此说，生态安全是国家生存和发展的基础，是和平时期的特殊使命。"

美国绿色环境政治研究者诺恩·迈尔斯也指出："安全的保障不再局限于军队、坦克、炸弹和导弹之类这些传统的军事力量，而是越来越多地包括作为我们物质生活基础的环境资源。这些资源包括土壤、水源、森林、气候以及构成一个国家的环境基础的所有主要成分……生态环境与人民的生活幸福和国家的政治安定之间的重大关系。"

生态安全的特点是生态危机影响深远化、生态危机后果严重化、生态安全

"代际"化、生态安全全民化、生态安全全球化。由于地球是全人类共有的唯一家园，一个国家或地区的生态危机和生态安全都会影响另一些国家或全球。一个生态安全的国家或地区，最容易得到国际或国内社会的认同，从而取得更多的、更高质量的国内外协助，形成国泰民安的局面。加强对生态安全问题的研究，可以防止由于生态环境退化对经济持续发展支撑能力的削弱，防止因环境破坏和自然资源短缺引发的群众不满、环境难民的大量产生以及所导致的社会动荡，防止突发或慢性生态环境破坏事件诱发国家和地区间冲突的产生，降低生态风险，防止外源性有害生态因子的侵入（侵略）和危害扩大，为修复因军事冲突或突发事件受损生态系统、维护生态系统固有价值提供支持。

第二节　中国面临的主要生态安全问题

中国是地球上的一个特定的区域，也是地球生态系统的一个组成部分，中国既与全球的其他部分形成一个全球生态系统，也与周边的国家形成了一个区域生态系统，在这个区域生态系统中，又有依气候、地理、地貌、流域、海域、水文等的不同分为不同的生态环境地区。当前，在中国所面临的生态安全问题就分为全球性生态安全问题和区域性生态安全问题两大类。

一、中国面临的全球性生态安全问题

全球性生态安全问题包括全球气候变化、海洋污染、全球臭氧空洞、生物多样性的锐减、南北极及喜马拉雅山的冰雪消融、海平面上升、沙尘暴、平流层飘移，甚至还有小行星碰撞、太阳磁暴、周期性小冰期变化，以及核爆炸、核泄漏、化学泄漏等人为灾难等。全球性生态安全问题的解决需要全球合作，任何国家和地区均不能置身度外。

二、中国面临的区域性生态安全问题

1．国土生态安全问题

国土生态安全是最基本的安全，否则，就意味着大片国土失去对国民经济的承载能力，会造成工农业生产能力和人民生活水平的下降，还会产生大量的生态难民。中国国土生态安全形势严峻：森林总量不足、分布不均、质量不高、生态效益低；中国是世界上荒漠化面积较大、分布较广、沙漠化危害较严重的国家之一，石漠化现象凸显；土壤流失严重；农业过量使用化肥，农牧业面源污染已超过工业污染；水资源短缺；河流污染严重，水质性缺水现象频发；生物多样性锐减；洪涝灾害频繁、沙尘暴次数和强度愈演愈烈……

中国连年焚烧农作物秸秆，使秸秆不能有效还田，中断了农业生态循环过程，致使土壤肥力连年下降，可耕地的土壤有机质含量下降，平均仅为1.3%，是世界可耕地土壤平均有机质含量一半；美国可耕地的土壤平均有机质含量为5%，仅这一项就表明了美国拥有更多土壤生态财富。作物对土壤养分的吸收，有80%是经过有益微生物转化而完成的，因此，中国土壤有机质持续降低形成了化肥的低效利用和化肥大部分流失导致环境污染增加这一恶性循环，而且所生产的农作物缺乏营养，尤其是缺乏微量元素，长此以往，人口素质必然下降，竞争力减弱，中国可持续发展将会缺少最积极的人才资源。我们要清醒地认识到土壤是文明的基础，如果中国不能及时、有效制止焚烧农作物秸秆，将秸秆科学还田，那么，我们的文明终究也会随着焚烧秸秆的火焰变成灰烬。从深层次上说，这是中国最大的生态安全问题。

2．健康生态安全问题

人居环境的污染通过食物链、空气和辐射对居住人口直接产生不利的影响，污染物在人体中的长期积累，在影响个体呼吸、代谢系统，造成各种环境类疾病的同时，还累积着遗传性病变的可能。

室内装修成了最直接的污染源，室内环境污染已经引起全球35.7%的呼吸道疾病，22%的慢性肺病，15%的气管炎、支气管炎和肺癌。车内污染物浓度可以比车外高2～10倍，汽车排放是城市主要空气污染源之一。安全的饮用水和食品安全的污染成为危害人类健康的不安全的因素。

食品安全是直接关乎人体健康的生态安全问题，中国从2009年6月1日起已施行《中华人民共和国食品安全法》。食品安全法确立了一系列法律制度，构筑起食品安全“新防线”，保障人民群众身体健康。这是中国生态文明的制度建设的开端。

3．城市生态安全问题

随着城市化的发展，70%甚至80%以上人口会进入城市。据统计，2011年中国内地城市化率为51.3%，预计到2020年会达到55%。在农业文明时代，生活垃圾是在很大面积上进行分解的，但城市中的人口集中，生活垃圾、生活污水以及污染性气体的处理就成了问题，又加上工业的点源污染和农业的面源污染，实质上，城市处于远比农村更加脆弱的环境结构和生态过程中，一旦城市生态链的某个环节失灵，整个系统就会混乱失控。城市生态安全问题不容忽视。

从生态安全的角度上看，城市是生产—交换—消费的最集中区域，但往往将分解—还原—再生环节外化到环境中去，这种以邻为壑的行为在城市化率提高后将无法再继续下去。一旦维持城市正常运行的生态系统出现水、电、油、气、热的供应失灵以及生态恐怖等突发事件，将会引起生态风险。城市人口的集中还会增加有害生物传播和疾病流行的生态风险。

4．人口生态安全问题

人口的生产是所有生产中最重要的生产，人口是社会发展最基本的要素。然而，中国面临着严重的人口问题：由于传统多子多福、重男轻女观念的影响，又加上农村养老机制不健全，以及超生性别鉴定多年流行，致使中国人口性别比例严重失衡。据统计资料显示，中国的男女性别比为1.17，海南、广东、湖北为1.25，全球正常范围是1.03～1.07。到2015年，中国将进入老龄化社会，这些都是值得注意的生态安全问题。虽然多年实行计划生育，城市人口和国家企事业单位的工作人员严格地执行计划生育政策，但是占60%～70%的农村家庭并未严格地执行计划生育政策，多子女家庭仍较普遍，其结果是有能力支付教育费用的家庭子女少，无能力支付教育费用的家庭反而子女许多，形成了子女教育的巨大反差。全球性的有害化学污染通过食物链进入人体，减弱了男子的生殖能力，长此以往，人类的基因遗传将向少数人倾斜，将增加人们患某种致命疾病的概率。人口生殖生态安全问题是不可掉以轻心的。

5. 贫困生态安全问题

贫困也是对生态安全的威胁，中国80%以上的贫困县都属风沙区或生态脆弱带。有些干旱和半干旱地区，已丧失了生态承载力，留守人口基本上是靠年轻人外出打工输入经济流支撑，一旦经济形势波动，生态难民问题会更加突出。这些地区，由于贫穷，生存第一，所从事的无效耕作更会破坏生态环境，甚至不惜竭泽而渔。最好方法是国家要计划地转移实质上已成为生态难民的贫困人口，使脆弱环境地区生态自行恢复。

6. 非可控生物入侵的生态安全问题

非可控生物包括植物、动物、微生物、病毒、有害物质，外来生态入侵也是影响生态安全的重要原因，主要是指非生物因素和外来生物的传入。外来非生物因素是指来自国外的有害物质及含有害物质成分的入侵。外来生物的影响不仅限于经济，对社会、文化和人类健康都有着巨大的影响。例如疯牛病不仅给英国牛肉生产带来了毁灭性的打击，也夺走了不少人的生命；中国遭受了松材线虫、美国白蛾、美洲斑潜蝇、稻水象甲、豚草、紫茎泽兰、微甘菊、大米草、水葫芦、“福寿螺”、“食人鱼”等外来物种的入侵，已给侵入地农林业生产和生态建设造成了不可估量的损失；艾滋病对于人类来说是非常严重的生态危机之一，非洲的一些小国家的艾滋病入侵甚至能彻底摧毁一个国家的人口和经济，中国也必须高度重视；非典、甲肝、疟疾等也有造成区域性生态危机的可能。据调查，目前中国共有283种外来入侵生物，世界自然保护联盟公布的全球100种最具威胁的外来入侵物种中，我国就有50种，外来物种入侵给我国每年造成的损失高达2000亿元。

7. 经济建设活动引发的生态安全问题

经济建设活动引发的生态安全问题有：核能事故、核废料处理；化工生产中，各种有害化合物排放、外溢；交通的海陆管道运输过程中的途径地，储存的有害物质外溢；矿山开发中的矿物径流，尾矿、土地塌陷等。

近年来，由于小企业小、工厂建设和运营过程缺乏有效的环境控制，导致污染扩散，引起危及周边民众健康进而引发“绿色抗议”的事件经常发生，成为社会稳定的负面因素。

第三节　应对全球性生态安全的对策

面对日益严重的全球性生态安全问题，各个国家和地区要通力合作，共同应对全球性生态安全的挑战。

一、正视全球气候变暖的现状及其对中国的影响

在众多的生态安全问题中，全球气候变暖是范围广、影响面大的生态安全问题，对于中国的影响也较大。更加频繁的高温、干旱、洪涝、泥石流等自然灾害以出乎预料的方式冲击着我们的生活；降雨量的变化和温度的升高，将改变作物的生长，使粮食生产变得不稳定，产生新的粮食安全问题。中国经济最发达的城市大多分布在沿海地区，海平面上升将导致海水入侵，直接影响这些地区的经济发展和人民生活。

众所周知，气候变暖、冰盖消融使海平面上升，但一般认为冰雪消融的速度不会太快，总会有足够的时间应对。研究表明，积雪一旦消融，反射率可从99.9%下降到50%~60%，吸收太阳辐射的能量将增加数百倍，这意味着积雪

消融的速度也有数量级的增加，冰雪的含水量越高，反射率就越低，吸收的太阳能就越多，冰雪融化的速度也就越快，这种正反馈机制将使冰雪融化不止，一发不可收拾。又加上积雪下垫面会一直保持在冰冻或冻土状态，导致迅速融化的冰水不能下渗而直接形成地表径流注入江河湖海。所以海平面大幅度迅速上升将是指日可待的生态安全问题。中国东部沿海城市经济带将受冲击，西部也将受到负面影响。西部的高山冰川为江河提供了部分水源，孕育了绿洲，一旦冰川消融，将会造成内陆湖面上升和洪涝灾害，紧随着便是绿洲的消失以及众多生态难民的出现。所以中国要有足够的警惕和预防措施应对东部、南部沿海低地城市的海水入侵以及西部绿洲的融冰集群灾害。

二、重视地缘政治将发生的变化

由于南北极冰盖消融，海冰解冻，出现了新陆地、新运输航线、潜艇巡航线路，地缘政治将出现新格局。许多国家会以不同的理由提出领土领海要求，参与新大陆的瓜分，加剧世界紧张局势。中国对于南北极出现的新变化，不能仅仅停留在科学考察的水平，重走郑和下西洋的老路子，而要提高到控制全球战略制高点的水平来考虑，争而不霸，获得应有的利益。

据《国际生态与安全》杂志2007年第1期报道，由五角大楼富有影响力的防御顾问安德鲁·马歇尔为主执笔的气候变化报告，包含了美国诸多国防专家的研究成果。该报告称气候变暖将导致地球陷入无政府状态。气候变化将成为人类的大敌，在某种程度上将胜过布什总统不遗余力强调的恐怖主义的威胁。报告预测，今后20年气候的突然变化将导致地球陷入无政府主义状态，各国都将纷纷发展核武器来捍卫粮食、水源和能源供应，不让这些赖以生存的物质遭到他人蚕食。由于人类面临生存的恐怖威胁，全世界届时将会爆发巨大的骚乱、饥荒甚至核冲突。因此，必须重视地缘政治时刻发生的变化。

三、提高警惕，严防绿色恐怖主义

生态安全是人类的正义诉求，环境良好是每一个人的愿望，但是保持生态安全和环境良好是一个过程。遇到生态危机，即使社会行为行之有效，但是生态环境的恢复往往需要时间和过程。往往有些激进的生态环保主义者会采取过激的行动以达到实现美好愿望的目的，这客观上会造成其类型的不安全。

还有一类不法分子和敌对方，深知生态环境是国民赖以生存的基础，往往会破坏一些关键性设施以达到恐怖主义的目的，这种事件可称为“绿色恐怖”或“生态绑架”。有些发达国家的军事机构，通过射电设备改变敌对国家上空的电离层，人工制造臭氧空洞，导致紫外线辐射增加，殃及平民健康，甚至通过改变大气层所穿透的太阳能和地球表层的辐射平衡发动人工气象灾害。

四、关注全球性生态环境类公约及可能达成“全球生态安全公约”

近40年来，国际社会所制定的生态环境类公约有《国际重要湿地公约》(1971)、《濒危野生动植物物种国际贸易公约》(1973)、《联合国海洋法公约》(1982)、《保护臭氧层维也纳公约》(1985)、《生物多样性公约》(1992)、《联合国防治荒漠化公约》(1994)、《控制危险废物越境转移及其处置巴塞尔公约》(1995)、《联合国气候变化框架公约》(1992)、《京都议定书》(1997)、《关于在国际贸易中对某些危险化学品和农药采用事先知情同意程序的鹿特丹公约》(1998)等。可以预言，为了更有效地应对全球生态安全问题，联合国可能还会促进达成“全球生态安全公约”。

在上述国际公约中，《联合国气候变化框架公约》是迄今为止最重要的国际环境公约，它是人类控制全球气候变化方面的一个新起点。2005年生效的《京都议定书》为发达国家和经济转型国家规定了具体的、具有法律约束力的温室气体减排目标，2012年之后进入后京都议定书时代，中国将承担相应的减排义务，中国粗放式的、高能耗的经济增长遭遇到了气候压力。《京都议定书》允许发达国家通过向发展中国家的减排项目提供资金和转让技术，来“购买”温室气体减排权，这一机制被称为清洁发展机制（CDM）。2012年之前，CDM对中国等发展中国家既是一个利用来自发达国家的资本和先进技术的机会，也是生态资产向国外流失最快速的阶段，应予高度重视。随着后京都议定书时代的到来，中国加入减排行列，气候问题会成为与各国发展密切相关的国际政治问题。清洁发展机制（CDM）的排放指标交易使欧盟等发达国家向发展中国家大量购买排放权，中国也成为（CDM）机制的贸易伙伴，这种先期交易很可能导致中国在后京都议定书时代失去发展机会。这是一个值得中国政府加以严密注意的关键问题。

2007年11月9日，中国成立了中国清洁发展机制基金。基金的宗旨是在国家可持续发展战略的指导下，支持和促进国家应对气候变化的工作。基金管理的目标是通过对基金的运行管理，为国家应对气候变化的工作提供长期的资金支持，并实现基金的保值和增值。基金的管理和使用遵循公平、公正、公开、高效、风险控制和成本效益等原则。中国清洁发展机制基金是国家应对气候变化的一个创新资金机制，并通过基金的使用，体现为国家应对气候变化的一个行动机制，为实施国家可持续发展战略和应对气候变化提供服务。

中国清洁发展机制基金的设立为中国的产业发展和结构调整带来了新的挑战与机遇，也为中国的“建设生态文明，基本形成节约能源资源和保护生态环境的产业结构、增长方式、消费模式”增加一个更为广阔的国际、国内一体化的资金和技术支持平台。这一新的驱动机制在引导产业发展模式调整的同时，将使地球生态环境得到改善，全球的生态文明程度也会相应得到提升。建立中国清洁发展机制基金，是中国政府的一项重要举措，也是在应对气候变化国际合作领域的一项创举。

后京都议定书时代，中国既面临着减排所带来关停并转、失业等压力，也面临着适应全球气候变化的压力。生态安全与一个国家对于安全的预期值密切相关，是一个相对的动态概念，它也随一个国家的富裕发达程度而变动，但是如果一个国家和地区的生态安全预期值较低则将影响相邻国家和地区的生态安全，甚至会影响到全球性的生态安全。随着中国的发展，生态安全的底线也在提高，为生态安全支付的成本也会增加。因此，维护生态安全，不能各人自扫门前雪，还应时时关注更大范围和区域问题甚至全球性的生态安全问题。中国应该建立完善且有应变能力的生态安全评估体系和预警体系，以维持社会的可持续发展。

2009年8月25日全国人大常委会审议通过了《关于积极应对气候变化的决议草案》。气候变化不仅是全球性的，也事关中国可持续发展，事关广大人民群众切身利益，事关中国发展的国际环境。决议草案提出了中国积极应对气候变化的指导思想，即：必须深入贯彻落实科学发展观，坚持节约资源和保护环境的基本国策，以增强可持续发展能力为目标，以保障经济发展为核心，以科学技术进步为支撑，加快转变发展方式，努力控制温室气体排放，不断提高应对气候变化的能力，在新的起点上全面建设小康社会。决议草案还进一步提出了积极应对气候变化的原则：坚持从中国基本国情和发展的阶段性特征出发，在可持续发展框架下，统筹国内与国际、当前与长远、经济社会发展与生态文明建设；坚持应对气候变化政策与其他相关政策相结合，协调推进各项建设；坚持减缓与适应并重，强化节能、提高能效和优化能源结构；坚持依靠科技进步和技术创新，增强控制温室气体排放和适应气候变化能力；坚持通过结构调整和产业升级促进节能减排，通过转变发展方式实现可持续发展。

第四节　应对区域性生态安全的基本对策

一、建立强有力的生态安全协调机构

区域性生态安全问题的解决需要区域合作，一个区域内的国家生态安全问题的解决需要通过制度建设来解决。例如，跨境河流的污染问题需要国际间合作；跨省、跨市河流污染问题的解决需要国家环保制度也需要相关流域省、市的协调。还有人口膨胀、跨区域物种入侵；区域性植物、动物、微生物的生态失衡、有害微生物和病毒的传染等。中国是一个南北跨度大、海拔高差大、地

理和地貌复杂、气候多变的国度，近几十年的工农业发展及城市的快速扩张造成了一系列生态环境问题，尤其是江、河、湖、海的水污染，跨区域大气污染，沙尘暴污染，以及固体废物的跨城乡、跨地区转移污染等问题，不是某一个省、市、县、乡所能解决的，必须进行全流域和跨区域管理才能有效地控制和解决。因此，必须建立强有力的生态安全协调机构进行管理，避免以邻为壑、环境成本外部化所带来恶果。

二、注重 GNP 的增长，利用境外资源增加国民财富

中国的生态环境问题既有人口众多、资源紧缺、单位产值能耗高、节能技术不先进、生态意识落后、环境政策实施不力等自身的问题，也有经济发展思路和政绩观的问题。直到今天，国内生产总值（GDP）仍旧是最为重要的经济指标，众所周知，发达资本主义国家利用自身经济上的优势，充分利用发展中国家的劳动力和资源赚取利润，得到的是 GNP（GNP 是国民生产总值，指一个国家的国民在国内、国外所生产的最终商品和劳务的总和）。不得不承认，在中国境内许多的合资和独资的外国企业虽然表面上增加了中国的GDP，但实质上把污染留给了我们，对中国的环境污染作出了“巨大的贡献”。为此，我们曾支付并且还在继续支付着巨大的环境成本。为了缓解中国的生态环境压力，维护中国的生态安全，我们应该及时调整发展战略，支持中国企业走出去，充分利用别国的资源增加中国的GNP，当然我们也不能同时“转移污染”。通过GNP的增加实实在在地增加国民财富和提高国民生态福祉，同时也可增强中国在全球生态问题上的参与能力和谈判能力。

三、关注周边相邻国家的生态安全问题

中国与15个国家接壤，几乎与所有陆上邻国有着国际河流的水脉相通，国际河流主要分布在3个区域：一是东北国际河流，以边界河为主要类型，如鸭绿江、图们江、额尔古纳河、黑龙江、乌苏里江等；二是新疆国际河流，以跨

界河流为主，兼有出、入境河流；三是西南国际河流，以出境河流为主。我国与邻国有跨境河流、界河以及海洋和大气的衔接，既要维护国土不受污染，也要避免不污染邻国。这不仅需要警惕也同样需要克己。尤其要防止一些国家的固体废弃物和有害垃圾跨境进入中国。

第三章　新能源革命

人类社会的发展，是以消耗大量的能源为基础的。能源是工业的粮食，是国民经济的命脉。能源问题是重大的经济和社会问题，涉及外交、环境、安全问题。在科学技术的制约下，地球上可供人类利用的能源正濒临枯竭，能源危机成为人类的严重威胁。在新的历史发展阶段，新能源的开发利用逐渐引起各方的关注。新能源革命将会带来人类社会生活的巨大变革，将从根本上改变人类社会的生产方式和消费方式，使人与自然更加和谐。

第一节　新能源革命的历史机遇

从历史的发展进程来看，随着科技的发展和人类对能源需求的不断增加，以及人类环境保护意识的增强，人类的能源利用广度和深度在不断推进，逐渐从植物能源时代向化石能源时代再到新能源时代发展。人类每进入一个能源时代，都意味着一场深刻的革命。

一、世界能源发展历程

1. 植物能源时代

从人类的进化历程来看，人与动物的根本区别是人能制造和使用工具，人类使用火和工具都与能源有关。火的发现和利用，对于人类和社会的发展有着巨大意义，是人类文明进步史上的重要里程碑，是人类文明的起源、文化的开始。正如恩格斯所说："摩擦生火第一次使人支配了一种自然力，从而终于把人同动物界分开。"[①]世界上流传着两个古代人取火的神话故事：一个是中国燧人氏的"钻木取火"；另一个是古希腊的普罗米修斯从宙斯那里偷来了火种送给人间。对于火的使用，经历了一个从利用自然取火到人工取火的漫长过程。据考古发现，火的发现、获取和应用是大约四五十万年前人类的集体智慧。人类有意识地利用能源，就是从发现和利用火开始的。

火的使用是旧石器时代先民的一项具有划时代意义的文化创造。草木燃火使人类繁衍和开化。人懂得利用"火"这种"工具"、"能源"之后，逐步扩大了火的用途：取暖、照明和驱散野兽，就增强了同寒冷气候作斗争的能力。火可以烧烤食物，可以用来围猎和防御野兽、照明、烘干潮湿的物件以及化冰块为饮水等，使人类摆脱了茹毛饮血的野蛮状态，从而增强了体质，延长了寿命，增加了营养，促进了智力的发展。同时，人类从用火的过程中，发现并生产出木炭，用以炼出较优质的铜、铁等金属，使人类文明从石器时代进入青铜器时代、铁器时代，极大地促进了生产力的发展，并因此而创造了"农业文明"时代。[②]

2. 化石能源时代

煤炭和石油的广泛开发和使用，被认为是人类进入了化石能源时代。中国是最早发现和利用石油的国家之一，我国发现、开采和利用石油及天然气要从3000多年前的周代算起，"石油"这一名称最早见于900多年前北宋科学家沈括的著作《梦溪笔谈》。[③]同时，中国也是发现和利用煤炭资源比较早的国家。

16世纪文艺复兴时期，由于科学技术的提高和工业的发展，对能源的需求迅猛增加，原来的植物能源已不能满足社会的发展，致使工业发展陷入停顿状态。能源危机第一次显现，迫使人们寻求新的能源。寻找、挖掘和利用煤炭，

① 马克思，恩格斯：《马克思恩格斯选集》，第3卷，北京：人民出版社，1972年，第154页。
② 王莹：《新世纪之帆——新能源技术》，北京：解放军出版社，1998年，第9页。
③ 晨澜：《中国是最早发现和利用石油的国家之一》，中国石化报，2008年9月16日，第7版。

成为解决当时能源问题最好方式。到18世纪，煤炭已广泛地用于生活、工业和交通领域。在煤炭能源时期，煤炭的使用促进了炼铁业的发展。1709年，英国的亚伯拉罕达毕首次开创了焦炭炼铁的方法，在炼铁过程中，用石灰石去除残留在焦炭中的硫，铁的质量得到大大提高，后来还炼出了可锻铸铁钢。煤炭的使用也促进了蒸汽机的发明，为蒸汽机的广泛应用创造了良好的物质条件。进入17世纪，意大利、英国、法国的科学家们开始了蒸气的研究，一些蒸气引动装置相继产生，到17世纪末期，法国技师巴本制成了世界上第一台原始的蒸汽机。1775年和1784年英国的瓦特制造出了改进型的“瓦特蒸汽机”。蒸汽机的发明与使用，使先进的生产机器运转摆脱了受工作场地和季节的限制，为大生产发展创造了条件。蒸汽机的发明，在很短的时间内改变了整个世界的面貌。从1786年至1800年的短短4年间，世界各国相继制造出蒸汽织布机、蒸汽机驱动的帆船、蒸汽动力钢轨机及蒸汽机车。正是由于使用煤炭，才使蒸汽机得以发展、完善和被广泛使用，才开创了人类史上伟大的产业革命时代。煤炭的统治地位延续了200年左右，19世纪末20世纪初，被石油与天然气所取代。

石油的发现和使用，是人类文明史上的重要里程碑。在生产过程中，人们逐渐发现采用蒸馏原油的办法，得到煤油、汽油和柴油及沥青等产品。德国等发达国家相继研制出了用石油产品汽油、柴油驱动的发动机。德国的奥托于1876年制成了内燃机；1883年德国人戴姆勒制造了汽油发动机，它以便于运输和携带的汽油为燃料。接着，人们发明了用汽油发动机驱动的汽车，1903年美国人成立福特汽车公司，世界开始进入汽车时代。德国的狄塞尔于1895年制成了柴油机，并在铁路、船舶、农业机械等领域大量应用，人类对柴油产生了巨大的需求。内燃机还导致了飞机的发展。1903年美国的莱特兄弟发明了第一架带动力、可操纵的载人飞机，之后完成了跨美洲大陆的首次飞行。20世纪初，开始了石油工业的新纪元，在最初的10年内，出现了汽车、飞机、轮船等以石油为动力的交通工具。之后，石油的开采量逐年增加，到20世纪60年代石油已占能源结构的50%。现在，石油已经成为工业的“血液”，是世界重要的战略资源。

3. 新能源时代

随着经济社会的发展，人们对能源的需求日益增加，地球所蕴藏的煤炭、石油、天然气等传统能源日渐匮乏，并且总有一天会被人类消耗殆尽。因此，在巨大的能源压力下，发展“取之不尽、清洁无污染”的新能源已经成为全球共识。

从20世纪50年代开始，人们在新能源的研究和使用上迈出了一大步，原子能（核能）发电取得了巨大成功，标志着人类逐步迈进了新能源时代。之后，地热能、海洋能、太阳能、生物质能、风能等逐渐发展起来，并在经济社会生活中扮演越来越重要的角色，成为人类寻求解决能源危机的最好思路。人类要生存和发展，必须在能源的使用上经历一个转型，使世界能源进入第三个时代——新能源时代。

二、传统能源开发利用带来的问题

能源发展问题始终与国际政治、安全和经济形势密切相关。进入21世纪，随着经济全球化的不断深入，对传统能源的需要量不断增大，产生了能源紧缺、全球变暖等严重的社会问题。

1. 能源短缺

发达国家从1980年以来GDP增加了2倍多，占世界总值的比例也从70．8%增加到79．7%，能源总量仅增加11.03亿吨。但高收入国家人口仅增1.2亿人口，并从1980年占世界人口的14.9%降到12%。发达国家占世界能源的消费比例并无多大变化，基本保持在60%左右。人均能耗上，发达国家超过发展中国家的4倍，而美国是8倍。到2008年为止，全球能源消费趋势没有根本改变。[①]当前，国际社会常常为本国的利益而争夺能源，造成了局部地区的政治动荡。依照世界已经探明蕴藏量和目前的开采量计算，全球的石油储量可供开采40

① 刘汉元，刘建生：《能源革命改变21世纪》，北京：中国言实出版社，2010年，第98页。

年、天然气可供开采65年、煤炭可供开采162年。

中国是目前世界第二位能源生产国和消费国，但能源资源并不富余，根据国家发改委公布的数据，我国煤炭、石油、天然气探明储量分别占世界的11%、1.4%和1.2%，人均占有量分别为世界人均水平的55%、11%和5%。能源资源赋存分布不均衡，开采条件较差，石油进口依存度高达到40%以上。据《中国的能源政策 · 2012》白皮书显示，近年来我国能源对外依存度上升较快，特别是石油对外依存度，2011年达到56.5%。专家测算，到2020年，我国人口按14亿～15亿计算，则需要26亿～28亿吨标准煤；到2050年，人口按15亿～16亿计算，则需要35亿～40亿吨标准煤。按专家的估计，我国煤炭剩余可采储量为900亿吨，可供开采不足百年；石油剩余可采储量为23亿吨，仅可供开采14年；天然气剩余可采储量为6310亿立方米，可供开采不过32年，能源供应已成为制约经济增长的基本因素，这一现象在我国将长期存在。

进入21世纪以来，中国经济连续达到10%以上的高速增长，创造了世界奇迹，但经济增长过多地依靠投资拉动和高耗能行业为主的重工业。在过去的20年里，中国已在能源利用上取得了GDP翻两番而能源消费仅翻一番的令世界瞩目的成绩，但能源效率低依然是制约中国经济社会发展的突出矛盾。国际经验表明，进入到资本密集型工业化阶段后，经济增长潜力进一步提高的同时，能源和资源的消耗也必然要出现高增长，尤其是我国的工业化是一个13亿人口的发展中大国的工业化，这在人类历史上是史无前例的。我国自2003年以来，能源矿产资源消耗占全球的30%。数据显示，2002-2004年，我国能源消费平均增速为14%，随后几年能源消费增速为7.3%，2008-2010年，能源消费增速为5.6%。同时，我国的能源自给率还较低，还需要从国外进口大量的化石能源，但在这些资源定价方面，我国还不具备主导权，能源的安全性依然是一个严峻的挑战。①

2．全球环境问题

当前，全球环境问题突出，这与化石能源的大量使用有关。一是全球气候

① 董少广，王淮海：《我国能源结构与资源利用效率分析》，中国信息报，2006年4月25日，第2版。

变暖。《联合国政府间气候变化专门委员会》（IPCC）在1990年的报告中引入“全球变暖潜能”的概念。由于人口的增加和人类生产活动的规模越来越大，向大气释放的二氧化碳、甲烷、一氧化二氮、氯氟碳化合物、四氯化碳、一氧化碳等温室气体不断增加，导致大气的组成发生变化。大气质量受到影响，气候有逐渐变暖的趋势。由于全球气候变暖，将会对全球产生各种不同的影响，较高的温度可使极地冰川融化，海平面每10年将升高6厘米，因而将使一些海岸地区或岛屿被淹没。全球变暖也可能影响到降雨和大气环流的变化，使气候反常，出现极端气候，易造成旱涝灾害，导致生态系统发生变化和破坏。二是臭氧层的耗损与破坏。在离地球表面10～50千米的大气平流层中集中了地球上90%的臭氧气体，在离地面25千米处臭氧浓度最大，形成了臭氧集中层，称为臭氧层。它能吸收太阳的紫外线，以保护地球上的生物免遭过量紫外线的伤害，并将能量储存在上层大气，起到调节气候的作用。但臭氧层很脆弱，如果进入一些破坏臭氧的气体，它们就会和臭氧发生化学作用，臭氧层就会遭到破坏。臭氧层被破坏，将使地面受到紫外线辐射的强度增加，给地球上的生命带来很大的危害。三是大气污染，悬浮颗粒物、一氧化碳、臭氧、二氧化碳、氮氧化物、铅等充斥大气，还出现光化学烟雾，对人类的健康产生影响。

中国环境问题仍然很严峻。当前，科技进步对我国经济增长的贡献率只有40%左右，除了能源消费过程中的污染物排放外，能源在开采、炼制及供应过程中，也会产生大量有害气体。截至2007年底，全国发电装机容量达到71329万千瓦，同比增长14.36%。火电达到55442万千瓦，约占总容量77.73%，同比增长14.59%；煤炭约占能源消费构成近70%，石油占23.45%，天然气仅占3%，能源资源条件决定了我国以煤为主的能源消费结构在短期内难以转变，这也决定了中国节能减排任务的艰巨性和长期性。2011年，化学需氧量排放总量为2499.9万吨，比上年下降2.04%；氨氮排放总量为260.4万吨，比上年下降1.52%；二氧化硫排放总量为2217.9万吨，比上年下降2.21%；氮氧化物排放总量为2404.3万吨，比上年上升5.73%。其中，农业源化学需氧量排放量为1185.6万吨，比上年下降1.52%；氨氮排放量为82.6万吨，比上年下降0.41%。我国与发达国家相比，每增加单位GDP的废水排放量要高出4倍，单位工业产

值产生的固体废弃物要高出10倍以上，造成1/3的国土遭受酸雨污染，每年经济损失达1000亿元以上，直接威胁人口和耕地的安全。根据环保部发布的《2011年中国环境状况公报》显示，2011年，全国325个地级及以上城市（含部分地、州、盟所在地和省辖市）中，环境空气质量达标城市比例为89.0%，超标城市比例为11.0%。其中空气质量一级占3.1%，二级占85.9%，三级占9.8%，劣三级占1.2%。2011年，地级及以上城市环境空气中可吸入颗粒物年均浓度达到或优于二级标准的城市占90.8%，劣于三级标准的城市占1.2%。2011年，监测的468个市（县）中，出现酸雨的市（县）227个，占48.5%；酸雨频率在25%以上的140个，占29.9%；酸雨频率在75%以上的44个，占9.4%。世界银行曾根据我国经济发展趋势预计，2020年中国燃煤污染导致的疾病需付出经济代价达3900亿美元，占国内生产总值的13%。

第二节　新能源发展的状况与趋势

经过几年的发展，部分可再生能源利用技术已经取得了长足的发展，并且在世界各地形成了一定的规模。目前，生物质能、太阳能、风能、水力发电和地热能等的利用技术已经得到了一定范围的应用。

一、对新能源的基本认识

目前，可再生能源在一次能源中所占比例总体上偏低，一方面与不同国家的重视程度与政策有关，另一方面与可再生能源技术的成本偏高有关，尤其是技术含量较高的太阳能、生物质能和风能等。

1．海洋能

海洋能指海洋中所蕴藏的可再生自然能源，主要为潮汐能、波浪能、海流能（潮流能）、温差能和盐差能。海洋通过各种物理过程接收、储存和散发能量，这些能量以潮汐、波浪、温度差、海流等形式存在于海洋之中。例如，潮汐的形式源于月亮和太阳对地球的吸引力，涨潮和落潮之间所负载的能量称为潮汐能；潮汐和风又形成了海洋波浪，从而产生波浪能；太阳照射在海洋的表面，使海洋的上部和底部形成温差，从而产生温差能。所有这些形式的海洋能都可以用来发电。海洋能具有蕴藏量大、可再生性、不稳定性及造价高、污染小等特点。海洋能属于清洁能源。

世界海洋能的蕴藏量约为760亿千瓦，其中波浪能700亿千瓦、潮汐能30亿千瓦、温度差能20亿千瓦、海流能10亿千瓦、盐差能10亿千瓦。如此巨大的能源资源是当前世界能源总消耗量的数十倍，开发利用潜力巨大，利用海洋能发电已经成为一种趋势。潮汐能的利用方式主要是发电，潮汐发电是运用海水的势能和动能，通过水轮发电机转化为电能。

2. 风能

风能是指地球表面大量空气流动所产生的动能。风能是太阳能的一种转化形式，由于地面各处太阳的辐射造成地球表面受热不均，造成气温变化和空气中水蒸气的含量不同，因而引起大气层中压力分布不均，在水平方向高压空气向低压地区流动，即形成风。风能资源取决于风能密度和可利用的风能年累积小时数。风能密度是单位迎风面积可获得的风的功率，与风速的三次方和空气密度成正比关系。

在自然界中，风是一种可再生、无污染而且蕴藏量巨大的能源。风能与其他能源相比，具有明显的优势，它蕴藏量大，是水能的10倍，分布广泛，永不枯竭，对交通不便、远离主干电网的岛屿及边远地区尤为重要。但风能资源受地形的影响较大，世界风能资源多集中在沿海和开阔大陆的收缩地带，如美国的加利福尼亚州沿岸和北欧一些国家，中国的东南沿海、内蒙古、新疆和甘肃一带，风能资源也很丰富。据估算，全球风能资源总量约为2.74×10^9千千瓦，其中可利用的风能为2×10^7千千瓦。中国风能储量很大、分布面广，仅陆地上的风能储量就有约2.53亿千瓦，开发利用潜力巨大。

3．生物质能

生物质能是太阳能以化学能形式储存在生物质中的能量形式，即以生物质为载体的能量。它直接或间接地来源于绿色植物的光合作用，可转化为常规的固态、液态和气态燃料，取之不尽、用之不竭，是一种可再生能源，同时也是唯一一种可再生的碳源。生物质能是人类赖以生存的重要能源，它是仅次于煤炭、石油和天然气而居于世界能源消费总量第四位的能源，在整个能源系统中占有重要地位。

据估计，每年地球上仅通过光合作用生成的生物质总量（干重）就达1440～1800亿吨，每年通过光合作用储存在植物的枝、茎、叶中的太阳能，相当于全世界每年消耗能量的1倍左右。生物质能遍布世界各地，其蕴藏量极大。虽然不同国家单位面积生物质能的产量差异很大，但地球上每个国家都有某种形式的生物质能，生物质能是热能的来源，为人类提供了基本燃料。中国拥有丰富的生物质能资源，中国理论生物质能资源有50亿吨左右。

依据来源的不同，可以将适合于能源利用的生物质分为林业资源、农业资源、生活污水和工业有机废水、城市固体废物和畜禽粪便五大类。

4．地热能

地热能是由地壳抽取的天然热能，这种能量来自地球内部的熔岩，并以热力形式存在，是引致火山爆发及地震的能量。地球内部的温度高达7000℃，而在80～100英里（1英里=1609.344米）的深度处，温度会降至650～1200℃。透过地下水的流动和熔岩涌至离地面1～5千米的地壳，热力得以被转送至较接近地面的地方。高温的熔岩将附近的地下水加热，这些加热了的水最终会渗出地面。运用地热能最简单和最合乎成本效益的方法，就是直接取用这些热源，并抽取其能量。地热能是可再生资源。地热发电的过程，就是把地热能首先转变为机械能，然后再把机械能转变为电能的过程。地热能是来自地球深处的可再生性热能，它来自于地球的熔融岩浆和放射性物质的衰变，地下水的深处循环和来自极深处的岩浆侵入到地壳后，把热量从地下深处带至近表层。其储量比目前人们所利用能量的总量多得多，大部分集中分布在构造板块边缘一带，该区域也是火山和地震多发区。目前开发的地热资源主要是蒸气型和热水型两类，因此，地热发电也分为两大类。

意大利的皮也罗 · 吉诺尼 · 康蒂王子于1904年在拉德雷罗首次把天然的地热蒸气用于发电。地热发电是利用液压或爆破碎裂法把水注入到岩层，产生高温蒸气，然后将其抽出地面推动涡轮机转动使发电机发电。在这过程中，将一部分没有利用到的或者废气，经过冷凝器处理还原为水送回地下，循环往复。

美国麻省理工学院的一项研究报告显示，如果开发美国大陆地表下3000～10000米其中的2%的地热资源，就可以供应相当全美年总耗电量2500倍的电能。根据国土资源部的报告，中国大陆3000～10000米深处干热岩资源总计相当于中国目前年度能源消耗总量的26万倍，相当于860万亿吨标准煤。

5．太阳能

太阳能一般是指太阳光的辐射能量，一般用作发电。自地球形成生物就主要以太阳提供的热和光生存，而自古人类也懂得以阳光晒干物件，并作为保存食物的方法，如制盐和晒咸鱼等。在化石燃料减少情况下，太阳能获得进一步的发展。太阳能的利用有被动式利用（光热转换）和光电转换两种方式。

广义的太阳能所包括的范围非常大，地球上的风能、水能、海洋温差能、波浪能和生物质能以及部分潮汐能都是来源于太阳，即使是地球上的化石燃料（如煤、石油、天然气等）从根本上说也是远古以来储存下来的太阳能；狭义的太阳能则限于太阳辐射能的光热、光电和光化学的直接转换。

太阳能发电既是一次能源，又是可再生能源。它资源丰富，既可免费使用，又无须运输，对环境无任何污染。太阳能将为人类创造了一种新的生活形态，使社会及人类进入一个节约能源减少污染的时代。

6．核能

核能（原子能）是通过转化其质量从原子核释放的能量，符合阿尔伯特 · 爱因斯坦的方程 $E=mc^2$，其中 E= 能量，m= 质量，c= 光速（3×10^8m/s）。

核能发电是利用核反应堆中核裂变所释放出的热能进行发电的方式，它与

火力发电极其相似，只是以核反应堆及蒸汽发生器来代替火力发电的锅炉，以核裂变能代替矿物燃料的化学能。核能发电利用铀燃料进行核分裂连锁反应所产生的热，将水加热成高温高压，利用产生的水蒸气推动蒸汽轮机并带动发电机。核反应所放出的热量较燃烧化石燃料所放出的能量要高约百万倍，所需要的燃料体积比火力电厂小相当多。

二、新能源的发展状况

1. 国际社会对新能源的重视

由于大量燃烧矿物能源，造成了全球性的环境污染和生态破坏，对人类的生存和发展构成威胁。在这样背景下，国际社会出台了一系列重要文件，把环境与发展纳入统一的框架，确立了“可持续发展”的模式。世界各国加强了清洁能源技术的开发，将利用太阳能等新能源与环境保护结合在一起，使太阳能利用工作走出低谷，逐渐得到加强。

1996年，联合国在津巴布韦召开“世界太阳能高峰会议”，会后发表了《哈拉雷太阳能与持续发展宣言 》，会上讨论了《世界太阳能10年行动计划》（1996—2005年）、《国际太阳能公约》、《世界太阳能战略规划》等重要文件。这次会议进一步表明了联合国和世界各国对开发太阳能的坚定决心，要求全球共同行动，广泛利用太阳能。国际原子能机构预测到2030年核动力至少占全部动力的25%。最大的增长可能达到100%。有关能源专家认为，如果解决了核聚变技术，那么人类将能从根本上解决能源问题。

2. 发达国家发展新能源情况

在新能源研究和利用方面，发达国家一直走在世界的前列。

欧洲各国拥有浩翰的海洋和漫长海岸线，因而有大量、稳定、廉价的潮汐资源，在开发利用潮汐方面一直走在世界前列。法国、加拿大、英国等国在潮汐发电的研究与开发领域保持领先优势。美国已经利用海水温差发电。美国能源部的研究显示，2010年全球有1030座海洋温差发电站，主要集中在美国和日本。

全球已有不少于70个国家在利用风能，风力发电是风能的主要利用形式。风电行业的真正发展始于1973年石油危机，20世纪80年代开始建立示范风电场，成为电网新电源。在过去的20多年里，风电发展一直保持着世界增长最快的能源地位。近10年来全球风电累计装机容量的年均增长率接近30%，风电技术日臻成熟。

世界发达国家已经制订了光伏发展的目标和计划。2008年全球光伏市场共5.6百万千瓦，其中欧洲占81%，日本占4%，韩国占5%，美国占6%。2008年欧盟光伏市场共安装4.6百万千瓦，其中西班牙和德国两强，分别占56%和33%，第三大的意大利只占6%。欧盟国家已经宣布，到2020年，光伏发电平均占电能总量的12%，其中，德国将在2015年实现光伏平价上网，光伏发电占15%。到2020年，西班牙占18%，意大利占18%，法国占10%。美国正在大力发展光伏发电技术。美国总统奥巴马承诺将使美国的可再生能源产量在未来3年翻一番。到2020年实现光伏发电站电能总量的15%。日本长期以来一直坚持发展光伏发电。日本过去采用一次性系统安装价格的政策，现在开始实行上网电价分摊法，推出了光伏上网电价政策，日本光伏也会有一个很大的发展。

1954年，苏联建成世界上第一座装机容量为 5兆瓦（电）的奥布宁斯克核电站。英国、美国等国也相继建成各种类型的核电站。到1960年，有5个国家建成20座核电站，装机容量1279兆瓦（电）。由于核浓缩技术的发展，到1966年，核能发电的成本已低于火力发电的成本。核能发电真正迈入实用阶段。1978年全世界22个国家和地区正在运行的30兆瓦（电）以上的核电站反应堆已达200多座，总装机容量已达107776兆瓦（电）。20世纪80年代因化石能源短缺日益突出，核能发电的进展更快。到1991年，全世界近30个国家和地区建成的核电机组为423套，总容量为3.275亿千瓦，其发电量约占全世界总发电量的16%。目前，世界上正在运行发电的核电机组已有438座，总电功率为3.5亿千瓦，核电占世界总发电量的17%，法国核电占全国总电量的比例已达76%。

美国的能源发展战略已经开始调整。在电力供给上，美国正从以煤、天然气为主向天然气、可再生能源与适度的核能发电转变；美国政府还在推动新能源方面，有望给予政策性补贴，吸引投资、创造就业；通过了《美国清洁能源与安全法案》，想把美国的科技优势直接变成国际贸易和经济优势，并推进以高效能、低排放为核心的低碳革命，发展低碳技术，试图占领市场先机和产业制高点。美国已整合了80亿美元打造智能电网。智能电网不同于传统供电系统，它是一种可根据用户每天不同时段的用电量，自动减少或增加供电的一套自动化系统。由于在系统中使用了数码科技和智能仪表，使输电过程中流失的电能很少，同时还能进行长距离输送由太阳能、风能、地热产生的再生电力。据分析，到2030年智能电网技术将为美国节约4%的电力，折合204亿美元，到2020年美国的可再生能源占其能源比例的20%。

3．中国发展新能源情况

长期以来，我国可再生能源发展没有形成连续稳定的市场需求。虽然国家逐步加大了对可再生能源发展的支持力度，但由于没有建立起强制性的市场保障政策，无法形成稳定的市场需求，可再生能源发展缺少持续的市场拉动，致使我国可再生能源新技术发展缓慢。[①]但是，新能源的发展已经引起了国家的重视，并得到了逐步的开发利用。

1992年世界环发大会之后，中国政府对环境与发展十分重视，提出10条对策和措施，明确要“因地制宜地开发和推广太阳能、风能、地热能、潮汐能、生物质能等清洁能源”，制定了《中国21世纪议程》，进一步明确了太阳能重点发展项目。1995年国家计委、国家科委和国家经贸委制定了《新能源和可再生能源发展纲要》（1996—2010年），明确提出中国在1996—2010年新能源和可再生能源的发展目标、任务以及相应的对策和措施。这些文件的制定和实施，对进一步推动中国太阳能事业发挥了重要作用。

中国海岸线曲折漫长，潮汐能资源蕴藏量约为1.1亿千瓦，可开发总装机容量为2179万千瓦，年发电量可达624亿千瓦时，主要集中在福建、浙江、江苏等省的沿海地区。根据国家规划，到2020年，我国潮汐发电装机容量有望达

① 李有军：《开启新能源时代的“钥匙”》，人民日报海外版，2010年10月29日，第15版。

到30万千瓦。波浪发电是继潮汐发电之后，发展最快的一种海洋能源利用形式。中国波浪能的理论存储量为7000万千瓦左右，可开发利用量约3000万～3500万千瓦，建立波浪能发电系统有较大发展潜力。根据规划，到2020年，中国将在山东、海南、广东各建1座1000千瓦级的岸式波浪发电站。

中国大陆的核电起步较晚，20世纪80年代才动工兴建核电站。中国自行设计建造的30万千瓦（电）秦山核电站在1991年底投入运行。大亚湾核电站于1987年开工，于1994年全部并网发电。截至2011年底，中国已有7个核电站投入运营，总装机达到1257万千瓦，为2002年装机447万千瓦的2.8倍。据统计，目前，中国在建（含扩建）核电站13个，在建装机容量3397万千瓦，在建规模居世界第一。此外，还有一批项目处于前期准备阶段。[①]

2007年8月，国家发改委发布了《可再生资源中长期发展规划》。2010—2020年，中国可再生能源将有更大地发展。其中，水电将达到3亿千瓦，风电装机和生物质能发电目标都是3000万千瓦，太阳能发电达到180万千瓦；燃料乙醇和生物柴油年生产能力分别达到1000万吨和200万吨；沼气年利用量达到443亿立方米；太阳能热水器总集热面积达到3亿平方米。根据规划提出的目标，到2020年，中国一次能源消费结构可再生能源比例将由目前的7%提升到16%。2005年9月，上海市政府公布"上海开发利用太阳能行动计划"。2006年6月，中国成立风能太阳能资源评估中心。2009年3月23日，财政部印发《太阳能光电建筑应用财政补助资金管理暂行办法》，拟对太阳能光电建筑等大型太阳能工程进行补贴。2011年国家发布《"十二五"新能源规划纲要》。2012年3月27日，科技部以国科发计[2012]198号印发《太阳能发电科技发展"十二五"专项规划》。2012年9月13日，国家能源局印发《太阳能发电发展"十二五"规划》。2012年7月，国务院公布的《"十二五"国家战略性新兴产业发展规划》提出，到2015年核电运行装机达到4000万千瓦。

① 阎晓红：《国家电监会：中国已有7核电站投入运营》，中国新闻网，2012年9月26日。

三、新能源的对比分析

从目前新能源的技术与发展水平看，今后发展较快的能源除水能外，主要是生物质能、风能和太阳能。生物质能仍是最重要的可再生能源之一，主要利用方式是发电、供热和生产液体燃料。风力发电技术已基本成熟，经济性已接近常规能源，在今后相当长一段时间内将会保持较快发展。太阳能发展的主要方向是光伏发电和热利用，光伏发电的主要市场是发达国家的并网发电和发展中国家偏远地区的独立供电。太阳能热利用的发展方向是太阳能一体化建筑，并以常规能源为补充手段，实现全天候供热，提高太阳能供热的可靠性，在此基础上进一步向太阳能供暖和制冷的方向发展。

开发利用新能源和可再生能源有巨大的环境效益，是实现社会经济可持续发展战略的一项重要措施，但也会对生态环境造成不同程度的不利影响，它的推广应用具有一定的局限性，这是必须正视的问题。

1.生物质能

生物质能的传统利用有其弊端，农村传统炉灶燃用薪柴、秸秆等会引起室内空气污染，对居民身体健康产生严重危害。生物质能的传统利用对生态也有不利影响，它占用大量土地，导致土壤养分的损失和侵蚀、生物多样性减少以及用水量增加，由于生物质含有少数硫、氮，直接燃烧会产生SO_x、NO_x，对环境会产生一定影响，还会释放出温室气体等。同时，能源的利用率还不够高，生物质能对粮食生产也会造成一定的影响。

2.风能

风能是清洁能源，但受地域限制明显，一般在海边、空阔地和风口，风速不稳定，产生的能量大小不稳定，风能的转换效率低，涡轮噪声严重，大型风机的旋转造成视觉污染，以及电磁干扰与对鸟类生存环境的影响等，大中型并网风力发电需要占用大量的土地，并可能会对生态产生一定的影响。

3.太阳能

太阳能是清洁能源，并取之不尽、用之不竭。但太阳能利用率较低，投资大。太阳能发电对环境的影响主要是能量分布密度小，占地面积大，1座100千千瓦的太阳能光伏电站或太阳能热电站，占地面积达1～3平方千米。目前世界光伏发电的主流趋势是光伏建筑一体化，将太阳能组件与建筑完美结合，即使在城市土地资源宝贵的情况下也可以发电，大中型电站则可以建在沙漠中，不占用可用耕地。分散式电场不仅可以缓解城市用电高峰，还可以提高电力系统的可靠性和稳定性。另外，获得的能源同四季、昼夜及阴晴等气象条件有关，生产材料也需要消耗大量的能源。

4.海洋能

海洋能在海洋总水体中的蕴藏量巨大，而单位体积、单位面积、单位长度所拥有的能量较小。这就是说，要想得到大能量，就得从大量的海水中获得。海洋能有较稳定与不稳定能源之分。较稳定的为温差能、盐差能和海流能。不稳定能源分为变化有规律与变化无规律两种，属于不稳定但变化有规律的有潮汐能与潮流能。人们根据潮汐潮流变化规律，编制出各地逐日逐时的潮汐与潮流预报，预测未来各个时间的潮汐大小与潮流强弱。潮汐电站与潮流电站可根据预报表安排发电运行。既不稳定又无规律的是波浪能。目前，获取能量的最佳手段尚无共识，大型项目可能会破坏自然水流、潮汐和生态系统。从各国的情况看，潮汐发电技术比较成熟，利用波浪能、盐差能、温差能等海洋能进行发电还不成熟，目前仍处于研究试验阶段。

5.地热能

虽然储量相当大，但是开发不易，且受地质条件的限制。地热开发利用对环境的影响主要是地热水直接排放造成地表水污染，含有害元素或盐分较高的地热水污染水源和土壤，地热水中的硫化氢和一氧化碳等排放到大气中，地热水超采造成地面沉降等。

主要几种新能源优缺点等的比较

	生物质能	风能	核能	太阳能
能源形式	生物质能发电	风电	核电	光电
优　点	原料易取，可存储易运输，产能高	风力资源丰富	浓集、清洁	运行时零排放，零噪声，免维护，资源丰富
弊　端	成本高，上料系统复杂，维护费用高	面积大，有噪声，视觉污染，影响大气循环	核废料无妥善安置方法，大量余热排放	制造过程能耗大
发电成本（相比传统发电）	3倍	2倍	远低于煤电	3~5倍
燃料成本	约0.4元／千瓦时	不需要	铀4583美元／磅（1磅≈0.45千克）	不需要
维护成本	需要	需要	需要	需要
全程转换效率	1%	仅千分之几	约33%	15%~20%
稳定性	稳定	不稳定，受风速影响	稳定	稳定
安全隐患	有	有	有	无
能耗	可再生	可再生	消耗型	可再生
二氧化碳排放	有	无	无	无
未来发展方向	提高转化技术，非粮食化	改进风机结构、储能技术	核聚变	提高太阳能电池效率，光伏、光热的综合利用，是未来清洁能源的主要来源

资料来源：刘汉元，刘建生：《能源革命改变21世纪》，北京：中国言实出版社，2010年，第249~250页。

6.核能

核能发电不会造成空气污染。核能发电不会产生加重地球温室效应的二氧化碳。但核能发电热效率较低，会排放废热到环境里。核能电厂投资成本太大，电力公司的财务风险较高。在核工业生产和科研过程中，会产生一些不同程度放射性的固态、液态和气态的废物，在这些废物中，放射性物质的含量虽然很低，危害却很大。普通的外界条件（如物理、化学、生物方法）对放射性物质基本上不会起作用。因此在放射性废物处理过程中，除了靠放射性物质的衰变使其放射性衰减外，就只能采取多级净化、去污、压缩减容、焚烧、固化等措施将放射性物质从废物中分离出来，使浓集放射性物质的废物体积尽量减小，并改变其存在的状态，以达安全处置的目的。核电总体上是安全的，虽然有1979年美国三里岛压水堆核电站事故、1986年苏联切尔诺贝利石墨沸水堆核电站事故和2011年日本大地震中福岛核电站事故等，由于人为因素或自然原因造成，对生态及民众也造成伤害。随着技术的发展和改进，核电站会变得更加安全。

新能源的这些问题，可以通过提高技术水平和采取适当的措施加以防止与减轻。

四、新能源发展的趋势

在人类发展进程中，每发现和使用一种新能源，都会对世界产生积极的影响。而人类的探索精神，将随着科技的发展和人们意识的提高，又不断地深入，世界因而不断进步。

1. 新能源将深入人心，得到前所未有的发展

由于常规能源的有限性和使用过程中产生的对环境的影响，人们将把目光进一步投向新能源，国际社会加大对新能源研究的投入，开发和普遍采用新能源成为人们的一种社会自觉行为和责任。随着科技的发展和国家政策的扶持，新能源的使用将超过常规能源的比重，能源的消费结构将更合理。太阳能设备与建筑的完美结合，将在不影响建筑景观的情况下，给城市和农村能源带来极大的便利。

2. 更加高效清洁安全的能源被发现和使用

随着人类认识自然、改造自然的能力不断提升，可燃冰、煤层气、细菌能、核聚变能等更加高效、清洁的能源不断显现，并显示出极好的发展前景。

据相关部门介绍，中国地质部门在青藏高原发现了一种环保新能源——可燃冰，远景资源量达350亿吨石油当量。可燃冰是由水和天然气在高压、低温条件下混合而成、如同冰雪的一种固态物质，1立方米的纯净可燃冰可以释放

出164立方米的天然气，具有使用方便、燃烧值高、清洁无污染等特点，这种世界公认的地球上尚未开发的最大新型能源，据现有的科技水平测算，其所含天然气的总资源量约为1.8亿亿～2.1亿亿立方米，其含碳量是全球已知煤、石油、天然气总碳量的2倍，仅海底可燃冰的储量就可以供人类使用1000年。

3. 能源问题将不再成为经济社会发展的障碍

随着新能源的不断发现与使用，进一步减少人类对化石能源的依赖，人类社会将找到一条化解能源危机的路子，并最终根本解决制约自身发展的能源问题。能源的大量使用也不再影响全球的环境，国家间再也不会因为能源的争夺而影响地缘政治，造成世界的动荡不安，世界将按照人类设定的可持续发展的路子发展。经济更加发展，环境更加优美，社会更加和谐。

第三节　发展新能源的意义和措施

新能源的发展和使用，是人类社会的一大进步，是人类解决自身发展问题的方式方法。中国应当紧跟时代潮流，找到一条解决能源问题的路子，以建设生态文明。近300年来，中国经济现代化曾错失三次历史性机遇。第一次是1793年错失第一次工业革命扩散的机遇；第二次是1842—1860年错失第二次工业革命起步的机遇；第三次是从20世纪50年代中期到70年代中期错失第三次工业革命技术转移的机遇。正在到来的新技术革命，对中国来说，既是难得机遇，又面临严峻挑战。中国不能重走欧美国家"先污染，后治理"的工业化老路，必须走出一条科技含量高、经济效益好、资源消耗低、环境污染少、人力资源优势得到充分发挥的新型工业化、现代化道路。[①]因此，积极发展新能源是当下的紧迫任务，是建设生态文明的战略选择。

① 李长久：《新能源：人类第四次技术革命突破口》，经济参考报，2010年9月16日，第5版。

一、发展新能源的意义

新能源的发现与广泛使用之所以称为“新能源革命”，发展新能源不仅对于优化能源结构，发展生态经济，促进产业升级起到推波助澜的作用，更为重要的是为国家的能源安全提供保障。[①]

1. 新能源是人类社会发展史上最有历史意义的里程碑

在人类文明史中，实现新能源代替化石能源无疑将是人类社会发展史上最有历史意义的里程碑，将实现人类可持续发展的愿景，这将是人类社会最伟大的进步，人类社会第一次走入一个真正意义的现代化发展的历程。它远远超过任何革命的历史进程与历史作用，并将对后世产生深远的影响。

2. 发展新能源将使人类进入生态文明时代

发展新能源，能从根本上解决环境问题使人类的财富更有意义。对当下来说，发展新能源是优化能源结构的一个过程，是一个根本性改变环境的方法，温室效应、环境污染等问题基本都是源于化石能源的大量使用和粗放使用，新能源的使用将根本性地解决环境问题。人类社会物质财富的生产和积累，不会因为能源的使用而充满“罪恶”，财富的积累将更有实际意义，并将实现人类的终极理想：环境友好、物质富裕、社会和谐、世界和平，人类的生态文明时代即将到来。

3. 新能源的发展将催生一个新的产业——新能源产业并极大促进经济的繁荣

为了发展新能源，将对新能源的科研、设备制造、安装、售后服务等环节投入大量的资金，其发展和壮大，其投资规模将超过任何一个产业的投资规模。新能源将逐渐、全面替代化石能源，因此，这是一个史无前例的投资机会。在

① 刘汉元，刘建生：《能源革命改变21世纪》，北京：中国言实出版社，2010年，第207页。

未来的很长时间内，将是推动经济社会持续发展的历史性动力，对促进产业升级起到推波助澜的作用，并将极大地促进经济的繁荣。

4．发展新能源将建立起一种理想的社会生活方式

发展新能源为国家的能源安全提供保障，这样可以使一个理想的社会生活方式得到真正建立。世界不会为争取能源而产生冲突，新能源特别是太阳能是一种面分布的能源获得方式，与此相应的合理社会是需要一个有相当分离的居住方式，在现代信息技术条件下，这种高度分散与高度集中的理想世界才得以真正实现。

二、发展新能源的措施

1．大力发展新能源

当前，世界各国对发展新能源都采取了一系列措施，许多对策对发展中国的新能源体系仍有相当的借鉴意义。

一方面，中国正在采取一系列措施，通过科技投入、节能减排，提高化石能源的使用效率，以更好地服务经济社会建设。另一方面，积极开发太阳能、风能、核能、生物质能等新能源、可再生能源，建立节能和清洁能源系统，来解决经济高速发展面临的能源困境，维护国家的能源安全。当前，中国已经制订了《中国“十二五”新能源发展规划》等全球最有力的节能计划，实施可再生能源计划，正致力于在5年内将经济耗能降低20%。通过实施一系列的节能标准，开发节能产品，并促使企业实现节能目标，并依靠推广使用太阳能、风能、核能、生物质能、生物燃料等新能源予以实现。

当前，我国仍将对经济结构实施战略性调整，就是要提高经济增长的科技含量，大幅降低单位国内生产总值能耗和二氧化碳排放，促进生态环境与能源结构进一步改善等诸多方面，新能源产业的发展直接关乎上述目标的实现进程。针对当前新能源的消费理念滞后、国内市场需求不足、国际市场出口受阻的情况，以及国家研发创新能力相对较弱等问题，“十二五”时期，我国新能源产业

优化发展的形势仍然十分严峻。发展新能源产业，一方面依靠全社会对其重要性、紧迫性的认识，发展其中的价值；另一方面也依靠先进的技术和强有力的国家政策支持。新能源产业属于新兴产业范畴，具有市场不确定性、高风险性以及高技术标准要求等特性，因此政府的强力驱动尤为重要。一般说来，国家政策应以积极扶持和有效引导为主，主要体现在科研投入、投资补贴和减免税费等方面。从当前情况看，我国新能源产业的优化发展应坚持科技支撑、政府引导和市场推动三项原则。①

2. 当前发展新能源要做的工作

(1) 强化对新能源的认识

随着全球性的能源短缺、环境污染和气候变暖问题日益突出，积极推进能源革命，大力发展可再生能源，加快新能源推广应用，已成为各国各地区培育新的经济增长点和建设资源节约型、环境友好型社会的重大战略选择。发展新能源产业，不仅是振兴战略性新兴产业的重要内容，同时也是转变经济发展方式，提高我国产业核心竞争力的根本途径。

面对日趋强化的资源环境约束，必须树立绿色低碳发展理念，增强节能环保意识，必须加快转变观念，提高对发展新能源产业重要性和紧迫性的认识，是目前发展新能源产业的根本前提。由于传统的化石能源有其方便、低成本等特点，也由于人们消费习惯使然，大多数人更没有完全意识到环境污染等问题，化石能源仍在被广泛大量地使用。而新能源由于成本高，也有技术不成熟等原因，没有引起人们的广泛关注，新能源产品相对于人们来说，也还是一个概念，要为民众所接受，进入千家万户，仍然是一个长期的过程和艰巨的任务。

因此，可以通过各种媒体的公益广告，向民众广泛宣传利用新能源的必要性和重要性，使民众牢固树立自觉利用新能源的意识。重视全民环保、节能意识的从小培养。要将政府的新能源政策信息对社会公开，开展对普通民众普及新能源知识。

---

① 陆静超：《"十二五"时期我国新能源产业发展对策探析》，《理论探讨》，2011年第1期，第95~98页。

(2) 增强对新能源发展的统筹安排

国家要在对新能源资源进行充分调研和评估基础上，针对当前新能源发展过程中的出现的问题，来统筹规划，制定符合地方特点的新能源产业发展的规划和目标，明确阶段性任务和主要发展思路。2007年12月，我国发布《中国的能源状况与政策》白皮书，着重提出能源的多元化发展，将可再生能源发展列为国家能源发展战略的重要组成部分。2009年底出台的《可再生能源法》修正案有一项重要的修改：可再生能源开发利用规划的审批权，已经由原来的地方政府移交给国务院能源主管部门和国家电力监管机构。这将有利于国家进行统一规划，合理布局。其他实施细则如《风电设备企业准入门槛》、《风电行业标准体系框架》以及《多晶硅行业准入条例》也已相继出台，这些法令法规对于规范新能源市场，禁止未达标的企业盲目上马，将起到重要的制约作用。2011年《中国"十二五"新能源发展规划》的发布，将全面推动新能源产业的发展。

完善国家能源管理体制和决策机制的改革，加强部门、地方以及相互间的统筹协调，形成适当集中、分工合理、决策科学、监管有力的管理体制，以强化国家对能源发展的总体规划和宏观调控功能。一方面要避免盲目投资，造成新的浪费和问题，如当前中国光伏产业就是政府的越位和缺位所致，政府深度介入，过度扶持，而对于整个产业的发展又缺乏相应的规划和引导，造成一哄而上，产能急剧扩张，从而出现了问题。①另一方面要保护地方政府发展新能源产业的积极性，鼓励大中企业投资新能源，以提升新能源产业的科技水平与规模效益。

(3) 加强合作以加大研发力度

首先，要加大投入，保证新能源技术研发投入的稳步增长，用以支持新能源产业的技术、产品研发和规模化生产。要加大政府资金的科研投入。积极争取中央资金优先安排新能源项目。发挥政府的引导扶持作用，设立新能源产业发展专项资金，支持新能源示范工程建设。同时，引导社会资金投向新能源产业。鼓励各类投资主体进入新能源和节能环保产业，设立创业基金，支持信用

① 孙洪磊，王昆，郭强，等：《政府越位之惑："保姆式"扶持成行业盲目扩张、无序竞争推手》，经济参考报，2012年11月20日，第5版。

担保机构对新能源企业提供贷款担保。积极探索利用贴息、小额贷款等方式，加大有效信贷投入。逐步建立起政府引导、社会参与、企业为主的新能源和节能环保产业投入机制。支持企业利用资本市场融资。

其次，大力促进科技创新和技术进步。切实提高科技开发水平和创新能力。加大科技开发力度，建立以市场为导向、企业为主体的新能源和节能环保技术创新体系。支持新能源术研发基地、科技产业基地、国家重点实验室建设，组织实施重大技术攻关课题，力争在关键领域取得突破。我国新能源产业的核心设备大多依赖于进口，如不加紧进行新技术研发，提高自身的自主创新水平，就无法摆脱长期受制于人的局面和成本居高不下的困境。注重在引进、消化和吸收基础上的再创新。加大力度引进国外先进技术和设备，通过实施重大技术专项，依托项目推进新能源装备的自主化和国产化。

再次，努力建立产学研用相结合的技术创新体系。发挥企业作为创新主体的作用，鼓励企业与科研院所的技术合作，形成多方参与、利益共享、风险共担的产学研合作机制，积极推动新能源科技成果的产业化进程。如德国高科技战略，是建立政界、经济界和科技界共同组成的创新联盟，这是促进科技和经济界合作的重要机制。高技术战略鼓励企业和科研单位结成战略伙伴关系、建立创新联盟，使创新覆盖整个产业链的所有重要环节。德国政府通过财政资金资助创新联盟的研发工作，动员和带动了大量的企业和社会资金投入。同时，由于创新联盟的设立也确保了科研成果的应用前景和资金投入，大大提高了中小企业的投资安全感，保护了它们的研发投入积极性。

最后，加快科技成果的转化和应用，推进新能源和节能环保高新技术的产业化步伐。

(4) 加强新能源发展的体制机制创新

健全激励和约束机制，加快构建资源节约、环境友好的生产方式和消费模式，增强可持续发展能力。抓紧制定协调配套的制度与政策体系，为新能源发展提供一个良好的投资与发展环境。目前应加紧完善各种财政补贴制度，包括用户补贴、投资补贴和上网电价补贴等。落实国家支持新能源和节能环保产业发展的税收政策，对技术研发、设备购置和装备制造以及列入产业发展指导目

录中的鼓励类项目给予税收优惠，以解决新能源产业成本高的突出问题。通过政策和法律明确规定政府、企业都有开发和利用新能源的义务。

要不断完善投资融资制度，鼓励商业银行、民间资本以及国际资金的进入，鼓励大中型企业投资新能源领域。积极争取风险投资基金的支持。建立新能源上网强制性配额制度，要求电网企业按一定比例使用新能源。例如，德国的可再生能源法规定，电力公司须在20年内以规定的价格从光伏设施拥有者手中购买一定数额的电力。[①]

建立多方参与机制。一方面通过法律约束和税收优惠鼓励企业参与，另一方面发动民间组织参与新能源和节能技术的开发。在政策的引导下，如日本许多民间团体参与了“促进地区新能源开发事业”的支援行动，社会资金大量投入“阳光计划”项目，与政府一同致力于太阳能、风能和生物质能发电的开发及应用。比如，“新阳光计划”就采取政府、企业和大学三者联合的方式，共同攻关，克服在能源开发方面遇到的各种难题。

鼓励新能源产品的推广与应用。要对新能源的开发利用实行倾斜政策，相关部门应出台政府强制采购新能源产品措施，通过政府采购的政策导向作用，带动社会生产和使用。政府部门也可以消费补贴等形式，鼓励消费者购买新能源产品。目前我国已制定了对购买新能源汽车的用户补贴，以及对电网企业购买新能源发电予以补贴等法规。政府的公共设施率先使用新能源设备，建筑物率先安装太阳能设备，政府使用绿色能源车，在城市开发、道路建设和兴修水利等工程中也必须使用新能源。地方行政单位也必须在本地区优先使用无污染能源，通过利用新能源努力建设无污染、无噪声和无热岛现象的城市。

(5) 实施新能源的人才战略

人是生产力中最活跃和最积极的因素，发展新能源离不开人才资源的支持。一是实施人才开发和培养计划。加快教育结构调整，加强新能源学科专业的建设，注重高级专门人才和各类技能型人才的培养，建立人才培养基地。为人才的成长提供空间，营造用好人才、留住人才、发挥人才的作用的氛围。二是重

① 陆静超：《“十二五”时期我国新能源产业发展对策探析》，《理论探讨》，2011年第1期，第95～98页。

视引进优秀人才。组织实施高层次人才引进计划。积极吸引国外新能源领域的知名专家或科技领军人才，来国内从事科研、教学工作，为突破技术瓶颈、提高科研水平提供人才支撑。

第四章　生态文明的经济建设

生态文明的经济建设是指在生态文明观的指导下，不断扩大经济总量、优化经济结构、提高经济发展质量、增加人均收入等经济活动过程。从生态文明的经济建设角度看，当前的主要任务是加快生态产业建设的步伐。生态产业是以生态经济原理为基础，按现代经济发展规律组织起来的基于生态系统承载力、具有高效的经济过程及和谐的生态功能的网络型、进化型、复合型产业。它通过两个或两个以上的生产体系或环节之间的系统耦合，使物质、能量能多次利用、高效产出，资源环境能系统开发、持续利用。生态农业、生态工业、生态服务业等构成了完整的生态产业体系。同时，要优化国土空间开发格局，建立循环经济与低碳经济发展模式，大幅度提高经济增长的质量和效益。

第一节　发展低碳经济和建立循环经济体系

经济社会的发展，一般受到三个方面因素的制约：一是经济因素，即投入与产出的比例关系，要求产出必须大于投入；二是社会因素，要求不违反基于传统、伦理、宗教、习惯等所形成的一个民族和一个国家的社会准则，即必须保持在社会反对改变的忍耐力之内；三是生态因素，要求保持好各种陆地的和水体的生态系统、农业生态系统等生命支持系统以及有关过程的动态平衡。其中生态因素的制约是最基本的。发展必须以保护自然为基础，发展必须保护自然生态系统的结构、功能和多样性。

一、资源枯竭

地球的生命支持系统的支持力量是有极限的，这个极限是基于环境承载力的极限。环境承载力是指在一定时期内，在维持相对稳定的前提下，环境资源所能容纳的人口规模和经济规模的大小。由于地球的面积是有限的，因而地球的环境承载力也应该是有限的，人类的活动（包括发展）必须保持在地球环境承载力的极限之内。否则，人类的任何活动都有可能毁灭人类自身。

从当前全球经济发展的状况看，随着经济社会的发展，资源枯竭的问题已经摆在人们眼前。据生态问题专家分析，中国的经济社会发展正遭受到资源枯竭的威胁：

人类所需能源的97%来自不可再生的矿物能源，其中石油和天然气又占59.2%。20世纪以来，人类对矿物能源的消耗一直呈指数增长，油气储量日趋枯竭，一些重要矿产资源严重短缺。赫尔曼·舍尔在《阳光经济——生态的现代战略》中，列举了主要化石能源的极限，石油将在2030—2050年宣告枯竭，铀按1993年的年开采量（每年6万吨）统计，还可以维持到21世纪30年代中期。

中国自然资源总量虽然排在世界第7位，能源资源总量约4万亿吨标准煤，居世界第3位，但由于中国人口众多，自然资源的人均占有量均居于世界排名后列。据现有的资料统计，中国煤炭保有储量为10024.9亿吨，但可采储量只有893亿吨。中国能源以燃煤为主，占消费量的70%以上；不仅燃料消耗量大、消耗强度高，而且能源利用率低，目前能源利用率仅30%左右，而西欧、日本和美国的能源利用率达到42%～51%。中国生产1美元国民生产总值的商品需要2.67千克标准煤，而欧盟只需要0.38千克标准煤；同一指标，世界平均水平为0.52千克标准煤。同能源利用率高的国家相比，中国相当于1年要多耗用2亿吨标准煤。中国石油的资源量为930亿吨，石油资源最终可采储量为130亿～150亿吨，仅占世界总量的3%左右；中国石油可采资源量的丰度值（单位国土

面积资源量）约为世界平均值的57%，剩余可采储量丰度值仅为世界平均值的37%；天然气的资源量为38万亿立方米，最终可探明天然气地质储量约13万亿立方米，资源总量世界排名第10位，占世界天然气资源总量的2%；中国天然气产量仅居世界第19位，占世界总产量的1%。现已探明的石油和天然气储量分别只占资源量的约20%和6%，仅够开采几十年。

中国矿产资源按照资源总量计算，40多种主要矿产探明储量的经济价值仅次于俄罗斯和美国，居世界第3位。但按人均拥有矿产资源量计算，只有世界人均占有量的40%，居世界第81位，是俄罗斯人均占有量的1/7，是美国人均占有量的1/10。而且许多矿产品位低，如铁、铜、铅、锌、氧化铝、硫、磷、钾等大宗重要矿产贫矿多而富矿少，86%的铁矿石平均品位只有30%~35%（澳大利亚、巴西等国一般在65%以上），70%的铜矿为含铜低于1%的贫矿，品位超过2%的铜矿仅占我国全部铜矿的6%。目前，在45种主要矿产中，已探明储量不能满足经济发展需求的就有10多种；现已探明：15种对我国经济社会发展具有支柱性的矿产中就有6种（石油、天然气、铜、钾盐、煤、铁）后备储量不足。其中铜矿只能满足需求的一半，石油和铁矿的缺口也很大。到2010年，中国45种主要矿产中，能保证经济建设需要的只有28种，基本保证但有问题的有7种，不能保证或需要长期进口的有石油、天然气、富铁矿等10种；到2020年，能保证需求的矿产品仅有5种，后备资源严重不足，大部分矿产将不能满足经济建设的需求，出现矿产资源全面短缺的严峻形势。

由于科学技术在限定的时段内难以开发出足够的替代资源，为了保持地球环境承载力的相对稳定，保证经济社会发展的动态平衡，发展低碳经济和循环经济就成为人类经济社会发展的必然选择。

二、发展低碳经济

1. 低碳经济的概念

2003年发表的英国能源白皮书《我们能源的未来：创建低碳经济》最早提出了“低碳经济”一词。作为工业革命发祥地的英国，在人类社会面临转折点的时刻，敏锐地意识到气候变化与能源、资源短缺给英国造成的威胁，迫切需要改变其经济发展模式和社会的消费模式。

低碳经济是一种通过发展低碳能源技术，建立低碳能源系统、低碳产业结构、低碳技术体系，倡导低碳消费方式的经济发展模式。低碳经济以低碳排放、低消耗、低污染为特征，技术创新和制度创新是低碳经济的核心。低碳经济将打造全新的生态系统，对政府行为、企业活动、民众生活产生巨大的影响。

低碳经济也可以从狭义、广义和最广义上三个角度来理解：

(1)狭义的视角

低碳经济是指以低能耗、低污染、低排放为基础的经济模式，其实质是能源效率提高（单位产出所需要的能源消耗不断下降）和清洁结构优化（能源消费的碳排放比重不断下降）问题，核心是能源技术和减排技术创新、产业结构和制度创新以及人类生存发展观念的根本性转变。

(2)广义的视角

低碳经济包含低碳与碳汇两个方面的内容：降耗减排，即减少二氧化碳排放；增加碳汇，即把排放到大气中的二氧化碳重新收集回来。主要手段是植树造林等。据分析，我国目前人均每年排碳3.9吨；而1棵树一年可以从大气中吸收0.34吨碳。[①]科学研究表明，林木每生长1立方米，平均约吸收1.83吨二氧化碳。[②]人类经济活动引起地球大气层温室效应增强的症结是碳失衡，一方面大量消耗煤炭和石油等能源，排放二氧化碳等温室气体；另一方面大量砍伐森林，毁坏植被，引起碳汇能力下降。解决问题的办法是双管齐下，即一方面实行降耗减排；另一方面采取措施增加碳汇。

(3) 最广义的视角

低碳经济是实现地球的环境保护。大自然的任何变化，都与大气层温室效应有关系，大气污染、洪水暴发、干旱、虫灾、臭氧层破坏等。而温室效应形成的最大祸根就是二氧化碳排放量的增加。

---

① 邓伟志：《当今气候之争的思辨》//人民论坛杂志：《世界大趋势与未来10年中国面临的挑战》，北京：中国长安出版社，2010年，第181页。

② 庄贵阳，陈迎，张磊：《低碳经济知识读本》，北京：中国人事出版社，2010年，第32页。

2．低碳经济的主要内容

低碳经济包含三方面内容：

第一，相对于高碳经济而言，低碳经济是降碳经济。高碳经济指无约束、碳密集的能源生产方式和能源消费方式。从这一方面内容看，发展低碳经济的关键是改变能源的生产和消费方式，降低碳排放量，控制二氧化碳排放量的增长速度。

第二，相对于化石（煤、石油）能源的经济发展模式而言，低碳经济是促进新能源发展模式经济。从这一方面内容看，发展低碳经济的关键是在于做到经济增长的同时，实现碳排放量下降。

第三，相对于人为碳排放量的增加而言，低碳经济是低碳生存理念经济。从这一方面内容看，发展低碳经济的关键是改变人们高碳消费的倾向，实现低碳生存。

3．发展低碳经济的基本路径

以地球生命支持系统为主导的自然界，从经济学角度分析属公共物品。经济学常识告诉人们，公共物品生产的主体是政府。因此，政府在发展低碳经济的过程中，有着市场不可替代的作用。而政府机构的主要手段，是通过政策调整，引导各市场主体走低碳之路。

(1) 低碳生产的政策

倡导低碳生产方式（生产方式转型）。由高碳的生产方式，转变为低碳生产方式，包括三方面内容：一是在能源生产中，尽可能生产低碳能源。即尽可能用低碳能源替代煤炭和石油等化石能源，如用风能、水能（含海浪、潮汐能）、生物质能、能源作物、太阳能、太阳光电、燃料电池等替代化石能源。二是在生产过程中尽量采用低能耗、低污染、低排放为基础的经济模式，即尽力使用新能源，尽量少用化石能源，以减少二氧化碳排放量。三是实行碳汇奖励政策，即从空气中清除二氧化碳的过程、活动、机制，主要是指通过植树造林活动，利用森林吸收并储存二氧化碳的能力，减少空气中的二氧化碳含量。森林是陆地生态系统中最大的碳库，在降低大气中的温室气体浓度、减缓全球气候变暖中，具有十分重要的独特作用。

(2) 低碳消费政策

倡导低碳生活方式(生活方式转型)。低碳生活方式就是尽可能避免消费那些会导致二氧化碳排放的商品和服务、以减少温室气体产生的生活方式。据分析，“当前造成高排放的根源，主要不在于大家关注的生产端，而是在高度物质化的消费端。这种病态化、高碳化的消费方式是造成现代人类文明畸形发展、气候灾难的根源……据科学家测算，发达国家消费领域的能耗占其总能耗的60%～65%，而制造业能耗不足40%。在现在技术条件约束下，生产端的节能减排已经处在极限状态，但消费领域的节能减排还存在巨大空间。”[①]所以，启动消费端的生活方式革命具有现实可行性，“在现代市场经济作用下形成的高度物质化的消费，是一种远超出人类生理需求的过度消费，比如豪华住宅、高排放汽车、肉食为主的饮食结构、一次性日用品、富人身份标识性的奢侈品等，这些不仅是造成温室效应的根源，还是引发当前诸多生理疾病与心理疾病的祸首。科学家研究发现，现代的高能耗、不健康的生活方式，已经成为导致人类这个物种退化的风险和隐患。”[②]

(3) 深化经济体制改革

利用市场规律中的利益机制引导“经济人”逐渐走向“低碳”。一是资源价格形成机制改革，制定并实施有利于资源节约和环境保护的财税政策；二是推进能源价格形成机制改革，如化石能源价格提价，加快新能源进入日常生产、消费领域；三是推进环境产权制度改革，如实现环境产权的公平交易，凡享受环境保护外部经济正效应的地区、企业和个人需要向环境产权所有者支付相应的费用，开征环境税逐步使环境污染企业合理负担其开发过程中实际发生的各种成本，形成“完全成本价格”；四是推进碳交易体制机制建设，碳排放额度作为一种特殊商品，实现货币化分配，剩余者可以进入市场交易，使少排放者得到相应的收益。

① 张孝德：《生态文明模式：中国的使命与抉择》//人民论坛杂志：《世界大趋势与未来10年中国面临的挑战》，北京：中国长安出版社，2010年，第172页。

② 同上，第171～172页。

三、建立循环经济体系

1. 循环经济的概念

循环经济是指按照清洁生产要求及减量化、再利用、资源化原则，对物质资源及其废弃物实行综合利用的经济过程。

准确理解循环经济这一概念，关键在于把握四个基本要求：一是循环经济必须符合生态经济的要求，即必须按照清洁生产的要求运行；二是循环经济必须遵循“3R”原则，即在指导思想上，循环经济方式必须与以往单纯地对废物进行回收利用方式相区别；三是循环经济要求对物质资源及其废弃物必须实行综合利用，而不能只是部分利用或单方面的利用；四是循环经济要重在经济而不是重在循环。

在循环经济中，要充分考虑经济效益问题，因而人们必须把它理解为一个经济过程。作为一种经济运行方式，循环经济和传统的经济运行方式相比，就是要求把经济活动在不妨碍甚至提高经济效益的前提下，组成一个“资源—产品—再生资源”的反馈式流程，因而在本质上是一种生态经济和再生产的经济过程，是用经济学、生态学规律指导人类社会所产生的一种经济活动。

需要着重指出的是：循环经济所指的“物质资源”或“资源”，不仅是自然资源，而且包括再生资源；所指的“能源”，不仅是指一般的能源，如煤、石油、天然气等化石能源，而且包括太阳能、风能、潮汐能、地热能、生物质能等绿色能源。它注重推进资源、能源节约、资源综合利用和推行清洁生产，以便把经济活动对自然环境的影响降低到尽可能小的程度。

2. 循环经济的“3R”原则

循环经济需遵循的基本原则是：“3R”原则，即减量化（Reducing）原则、再利用（Reusing）原则、资源化（Recycling）原则。

（1）减量化原则

循环经济需遵循的减量化原则，就是要求以资源投入最小化为目标。也就是说，针对产业链的输入端——资源，通过产品清洁生产而非末端技术处理来最大限度地减少对不可再生资源的耗竭性开采与利用，以替代性的可再生资源为经济活动的投入主体，以期尽可能地减少进入生产、消费过程的物质流和能源流，并对废弃物的产生及排放实行总量控制。在这一过程中，制造商（生产者）通过减少产品原料的投入和优化制造工艺，来节约资源和减少排放；消费群体（消费者）则通过优先选购包装简易、循耐用的产品，来减少废弃物的产生，从而提高资源物质循环的高效利用率和环境同化能力。

(2) 再利用原则

废弃物利用最大化为目标。贯彻这一原则，要求人们针对产业链的中间环节，对消费群体（消费者）采取过程延续的方法，最大可能地增加产品使用方式和次数，有效延长产品和服务的时间强度；对制造商（生产者）采取产业群体间的精密分工和高效协作，使产品——废弃物的转化周期加大，以使经济系统物质能量流的高效运转，实现资源产品的使用效率最大化。

(3) 资源化原则

循环经济需遵循的资源化原则，就是要求以污染排放最小化和资源利用最大化为目标。贯彻这一原则，要求人们通过对废弃物的多次回收再造，实现废弃物多级资源化和资源的开发式良性循环，以实现污染物的最小排放。

3. 循环经济中的基本规律

(1) 生态经济规律

循环经济必须建立在生态经济的基础之上，没有生态经济作基础的循环经济，是没有生命力的。

作为循环经济运行基础的生态经济，是一种尊重生态规律和经济规律的经济。这种生态规律究其核心，是生态系统中物质循环动态平衡规律。基于以生态系统为基础的经济运行，包括生产、分配、交换、消费的各个环节，是由生产力与生产关系在生产力发展到一定水平上所形成的全开放系统。这种经济运行只有毫不间断地与生态环境进行物质和能量交换，才能存在和发展。从这个意义上说，经济规律究其核心是生产力发展的规律，而生产力发展的源泉，就是生态系统能够不断地提供优质、大量的物质资料，因而生态系统和经济系统

构成一个矛盾统一体。由于在经济运行过程中生态经济规律的存在，因而在生态循环经济的过程中，就要求人们必须把人类经济社会发展与其依托的生态环境作为一个统一体，把经济系统与生态系统的多种组成要素联系起来进行综合考察与实施，从而通过经济、社会与生态发展之间的全面协调，达到生态经济和循环经济共同的、最优化的目标。

(2) 两种资源并存和统一规律

循环经济所指的“资源”包括自然资源和再生资源，“能源”包括传统意义上的一般能源和绿色能源。这些资源，从循环经济理论的角度说，可以看作是“第一次资源”或“第一资源”。

在循环经济的运行中，仅仅有“第一资源”的作用和利用是远远不够的。循环经济的一个特色，就在于它不仅重视对“第一资源”的充分利用，也同样重视对“第二资源”的充分利用。它是两种资源并存和统一的经济方式。

所谓“第二资源”，是指在传统经济运行中被作为废弃物、被作为垃圾来处理的资源。从生态环境的角度看，垃圾固然是一种污染源；但从资源的角度看，它却是地球上唯一在增长着的资源（或称为潜在的资源）。据有关部门分析，当前中国城市已发展到660座之多，其中已有200座城市陷入垃圾包围之中，所产生的垃圾量达114亿吨，可以使100万人口的城市路面覆盖1米厚。虽然是垃圾，但如果将其全部利用，则可以产生相当于1340万吨石油的能量。有人曾做过这样的计算，中国城市每年因垃圾造成的损失约250亿～300亿元，而城市垃圾本可创造2500亿元的财富。所以在发展循环经济的过程中，科学地处理、利用垃圾，向垃圾要资源、要效益不但极为重要，而且显得极为迫切，这是未来经济社会维持可持续发展的“第二资源”。

(3) 经济效益约束规律

经济学基本理论作了“经济人”的假设，这种“假设”揭示了人的本性是贪婪的。亚当·斯密把“看不见的手”看作是经济学的一条基本规律，人本性中的这种自利性，推动着人类社会的经济发展。

价值规律是市场经济运行中起基础作用的基本规律。所谓价值规律，是指商品价值量由社会必要劳动时间决定的规律。它包含着两个方面的内容：一是商品生产的规律，即反映生产商品同耗费劳动量之间的内在联系。通常情况下，生产商品耗费的社会必要劳动时间越多，则商品的价值越大；反之，商品的价值量就越小。二是商品交换的规律，即反映商品生产者之间等量劳动相交换的本质联系。商品交换要以它们包含的价值为基础。按照价值规律的要求，在正常的和理性的条件下，商品的价格无论怎样变动，从长期看，其价格都不会低于或高于社会必要劳动时间决定的价值量。虽然短时期内其他因素的干扰可能造成市场价格高于或低于商品价值量的情况，但不会改变价值规律的作用形式。

当然，人们重视自身的经济利益，并不意味着可以毫无顾忌、为所欲为。在现实经济社会生活中，人们还必须在一定的条件约束之下追求自身利益的最大化。也就是说，人们在追求自身利益最大化时，必须受当时社会的经济、政治、法律、文化、道德、伦理、传统等因素的约束，即尊重经济效益约束规律的作用。循环经济对经济社会的要求，就是一种经济效益约束规律的表现形式。

(4) 权责对称规律

循环经济方式必须建立在可持续发展的基础之上。但对于个别企业来说，由于受企业技术、人才等因素的影响，采用循环经济方式会导致其生产费用的上升，因而个别企业从自身利益出发，会作出非可持续发展的决策。如果社会对其非可持续发展方式予以放任，则必然造成社会效益的损害，即产生负外部性效应。如果在这一导向下，其他企业也采用非可持续发展方式生产，则随着社会生产的进行，社会经济效益不是在提高，而在减少。为此，社会必须对企业在生产过程中所形成的负外部性的各种问题制定清晰而合理的规章制度，并在经济生活中通过社会监督和上层建筑部门的作用，使各微观经济主体走上可持续发展之路。由此可见，权责对称规律也是循环经济中不可忽视的重要规律。

第二节　优化国土空间开发格局

党的十八大报告明确指出："国土是生态文明建设的空间载体，必须珍惜每一寸国土。要按照人口资源环境相均衡、经济社会生态效益相统一的原则，

控制开发强度，调整空间结构，促进生产空间集约高效、生活空间宜居适度、生态空间山清水秀，给自然留下更多修复空间，给农业留下更多良田，给子孙后代留下天蓝、地绿、水净的美好家园。加快实施主体功能区战略，推动各地区严格按照主体功能定位发展，构建科学合理的城市化格局、农业发展格局、生态安全格局。提高海洋资源开发能力，发展海洋经济，保护海洋生态环境，坚决维护国家海洋权益，建设海洋强国。”优化国土空间开发结构，是科学发展观的重要组成部分，对于生态文明建设意义重大。

一、优化国土空间开发的相关概念

国土空间是国家主权管辖范围内的地域空间，包括陆地、陆上水域、内水、领海及其底土和上空，是经济社会发展的物质基础。

国土空间开发特指以陆地国土空间为对象，以集聚人口和经济为目的，大规模、高强度推进工业化和城镇化的过程。

优化国土空间开发一般指经济比较发达、人口比较密集、开发密度较高、资源环境承载能力开始减弱的区域（如京津冀、长三角、珠三角地区等），通过改变依靠大量占用土地、大量消耗资源、大量排放污染物以实现经济较快增长的模式，把强化生态环境保护作为中心，以加强自主创新能力、促进资源集约利用为手段，使该区域继续成为全国经济社会发展的龙头和参与经济全球化的主体区域。

国土空间是经济社会发展的载体，是一个国家进行各种政治、经济、文化活动的场所，是人们生存和发展的依托。国土空间开发就是以一定的空间组织形式，通过人类的生产建设活动，获取人类生存和发展的物质资料的过程。我国在长达几千年的生产和经营过程中，形成了不同形态的空间格局，如人口的聚集、基础设施的建设、城市的发展等。

当前，我国正处在工业化、城市化步伐加快的过程中，经济结构、区域结构、城乡结构正在发生巨大变化，如何优化国土空间开发格局不仅是加快生态文明建设的问题，更是关系到十几亿人口生存发展的大问题。

二、优化国土空间开发的主要内容

2010年国务院印发的《全国主体功能区规划》(国发[2010]46号，对优化国土空间开发的内容作了明确、详细的规定。

1. 国土空间开发的区域

国土空间划分为优化开发区域、重点开发区域、限制开发区域和禁止开发区域四类主体功能区，规定了相应的功能定位、发展方向和开发管制原则。

(1) 优化开发区域

包括环渤海、长三角、珠三角三个区域。

(2) 重点开发区域

冀中南地区、太原城市群、呼包鄂榆地区、哈长地区、东陇海地区、江淮地区、海峡西岸经济区、中原经济区、长江中游地区、北部湾地区、成渝地区、黔中地区、滇中地区等18个区域。

(3) 限制开发区域

①限制开发的农产品主产区。主要包括东北平原主产区、黄淮海平原主产区、长江流域主产区等七大优势农产品主产区及其23个产业带。

②限制开发的重点生态功能区。包括大小兴安岭生态功能区等25个国家重点生态功能区。

(4) 禁止开发区域

包括国务院和有关部门正式批准的国家级自然保护区、世界文化自然遗产、国家级风景名胜区、国家森林公园和国家地质公园等。

2. 建立绩效考核评价体系，确保国土空间开发的优化

对不同的主体功能区实行不同的绩效考核评价办法：

(1) 对优化开发区域的考核将强化对经济结构、资源消耗、环境保护、科技创新以及对外来人口、公共服务等指标的评价，以优化对经济增长速度的考核。

(2) 对重点开发区域，即资源环境承载能力还比较强，还有一些发展空间

的地区，主要是实行工业化。城镇化发展水平优先的绩效考核评价，综合考核经济增长、吸纳人口、产业结构、资源消耗、环境保护等方面的指标。

(3) 对限制开发区域的农产品主产区和重点生态功能区分别采取不同的考核办法：对农产品主产区，主要是强化对农业综合生产能力的考核，而不是对经济增长收入的考核；对重点生态功能区，主要是强化它对于生态功能的保护和对提供生态产品能力的考核。

(4) 对禁止开发区域，主要是强化对自然文化资源的原真性和完整性保护的考核。

三、国土空间开发模式的国际借鉴

国际上空间规划的基本模式主要包括：不编制国家空间规划的地方空间规划主导模式、实施空间发展战略的国家空间规划模式和综合发展型的国家空间规划模式。

属于不编制国家空间规划的地方空间规划主导模式，以英国和美国为代表。

英国自1947年颁布《城乡规划法》以来，城乡规划模式对国际空间规划的发展发挥了重要作用。但英国从未编制过全国范围的空间规划。国家通过发布各种形式的国家规划政策说明（2004年以前称“指南”）对发展规划提出要求。规划政策说明不是法定文件，其直接作用体现在对发展规划或开发规划的指导上，而发展规划或开发规划是地方颁发规划许可的直接依据。因此，规划政策说明对规划实施起到间接的控制作用。这些说明包括可持续发展、绿化带、工商业开发、简化规划区、城镇中心区规划、乡村地区的可持续发展、通信、生物多样性、地质保护、可持续废弃物管理规划、区域空间战略、地方政府框架、交通、临时性土地开发、规划与历史环境、考古与规划、开敞空间、规划控制、户外广告控制、海岸规划、旅游、可再生能源、规划与污染、规划与噪声、开发与洪水危害等20多个领域，是对地方发展规划重要的实质性的指导，并成为发展规划审批的重要依据。

美国也没有全国范围的空间规划，但通过《国家环境政策法》、《渔业保护和管理法》等法律以及《全国高速公路网规划》等相关规划，对各州及以下的规划发挥控制和引导作用。

属于实施空间发展战略的国家空间规划模式，以德国为代表。2006年，德国完成的《德国空间发展理念和战略》，主要针对经济全球化、国家干预方式的改变、欧洲一体化、德国人口结构变化、地区增长和萎缩同时并存等问题，体现增长与创新、保障公共服务、保护资源和塑造文化景观3个规划理念，提出居民点结构、环境和空间（土地）利用、交通等基础设施建设，实现基本生活条件均等化的整治和发展等空间规划战略，为具有空间作用的行为指明方向。1999年通过的《欧盟空间发展展望》，主要针对欧盟区域发展不平衡等问题，提出经济和社会发展协调、自然资源和文化遗产保护、欧盟内更加平衡的竞争力分布3个政策目标，以及建立多中心空间发展与新型城乡关系、平等获得基础设施和知识、科学管理自然和文化遗产3个基本政策。

属于综合发展型的国家空间规划模式，以日本为代表。日本第六次国土规划主要针对经济一体化和信息技术发展全球背景，人口减少和老龄社会到来，"一极一轴"的国土空间发展不均衡以及国民价值观的多样性等问题，提出在世界发展中形成无缝亚洲，塑造可持续的城乡生产和生活圈，形成抗灾能力强的可塑性国土，保护并管理美丽国土等战略目标。具体内容包括地区整备、产业、文化以及观光、交通、通信、防灾、国土资源以及海域利用与保护、环境保护以及景观形成、通过"新公众"来实现地区构建等基本措施以及独立性广域地方计划的制订。①

四、优化国土空间开发可供选择的路径②

1. 实施主体功能区战略，构筑高效、协调、可持续的国土空间开发格局

针对我国国土开发存在的问题和着眼于长远发展的需要，按照优化开发区、

① 蔡玉梅：《科学规划塑造美好家园——国土空间开发规划的国际经验及启示》，《资源导刊》，2011年第12期，第44～45页。

② 钟静婧：《多重视角下我国国土空间开发策略及战略格局》，《城市》，2011年第10期，第22～24页。

重点开发区、限制开发区和禁止开发区4类主体功能区的要求，规范开发秩序，控制开发强度，引导各地区严格按照主体功能定位推进发展。其中，优化开发人口密集、开发强度偏高、资源环境负荷过重的部分城市化地区；重点开发资源环境承载能力较强、集聚人口和经济条件较好的城市化地区；限制对影响全局生态安全的重点生态功能区进行大规模、高强度的工业化、城镇化开发；禁止开发依法设立的各级各类自然文化资源保护区和其他需要特殊保护的区域。

2．实施轴带集聚战略，构筑若干动力强、联系紧密的经济圈和经济带发展格局

优化我国国土开发格局，必须遵循市场经济规律，突破行政区划界限，形成若干动力强、联系紧密的经济圈和经济带。初步设想，利用区域发展中城际铁路和高速铁路网，在沿海区域分别依托长江三角洲、京津冀地区、海峡西岸经济区、珠江三角洲和广西北部湾经济区打造东海经济圈、环渤海经济圈和南海经济圈，中部地区以武汉城市圈、长株潭城市群、成渝地区和昌九地区为依托打造长江中上游经济带，而西部地区以中原地区、关中地区以及国家能源基地为依托打造黄河中游经济带和沿京广线经济带。

3．实施城市群带动战略，构筑群龙共舞的区域隆起带发展格局

培育具有较强竞争力和潜力的城市群是现代城市参与区域竞争的有效途径。目前，我国有各种规模的城市660多个，人口在100万~200万的特大城市有75个，以这样规模的城市为依托发展城市群，利于提高城市综合承载能力，充分发挥城市集聚人口和产业的作用，形成新的区域经济增长点，带动区域经济社会发展。除长三角、京津冀和珠三角三大城市群之外，我国形成了较多具备一定基础的城市群，如胶东半岛城市群、辽中南城市群、武汉城市圈、长株潭城市群、中原城市群、海峡西岸城市群、川渝城市群和关中城市群等。这些城市群发展潜力很大，是未来支撑我国经济社会发展的重要支柱。因此，必须继续把城市群作为优化国土空间开发格局的主体形态，加强培育多个省域及跨省域城市群，通过城市群的带动作用和联动发展实现我国国土空间的优化、合理化。

4．实施特色城镇化战略，构筑大中小城市和小城镇协调发展的多元城镇体系格局

改革开放30多年来，尽管城市人口增加了3亿多，但农村人口的绝对数量并没有减少，仍有近8亿农村人口。据统计，到2020年，我国人口总数将达15亿左右，农村人口仍将达7.5亿。这充分说明，我国城镇化发展将是一个长期的、渐进的过程。无论是防止城市过于分散带来土地资源浪费的问题，还是避免单个城市规模过大带来的“城市病”，都要从中国的国情出发，坚持走中国特色城镇化道路，按照统筹城乡、布局合理、节约土地、功能完善、以大带小的原则，循序渐进，走出一条符合我国国情、大中小城市和小城镇协调发展的多元化城镇化道路。此外，在推进城镇体系多元化发展的过程中，必须注意保持城镇发展速度与规模的科学合理、因地制宜及适度发展，并树立生态城市的长远建设目标。

5．实施产业集群战略，构筑产业板块式发展格局

产业集群的形成是产业集聚的结果。具有特色和竞争优势的企业通过空间聚集形成区域化的产业集群，并对区域经济产生乘数效应的贡献。一些劳动密集型、资源依赖型的产业集群开始逐步向中、西部地区转移，以纺织服装、鞋帽等产业为典型；一些技术密集型、贸易依赖型的产业开始向产业链高端转型，越来越多的国内外企业进入研发、设计领域。因此，必须及时把握产业集群的发展及调整动态，加大对关系国家长远发展、带动作用强的重大项目的引进力度，着力推进产业集聚，努力培育和形成支撑经济发展的强势产业集群或者特色产业基地，同时鼓励发展高新技术产业集群，促进低成本型产业集群向创新型产业集群转变，全面提升产业集群对优化国土空间开发格局的支撑作用。

6．实施交通基础设施网络化战略，构筑高速铁路、高速公路和高速航空为一体的新时代格局

加快建设“四纵四横”铁路客运专线、以客为主的区际快速铁路，积极

推进环渤海、长三角、珠三角、长株潭、成渝经济区、中原城市群、武汉城市圈、关中城镇群、海峡西岸城镇群以及呼包鄂、北部湾、环鄱阳湖、滇中城市群等经济发达和人口稠密地区的城际客运铁路和城市间高速公路通道建设。继续强化北京首都、上海浦东、广州新白云机场等枢纽机场以及昆明、成都、西安、乌鲁木齐等主要干线机场建设，构建并完善以枢纽和干线机场为骨干的机场网络。

7. 实施区域发展总体战略，构筑优势互补的区域发展格局

无论是东部、中部、西部还是省际之间，其经济发展的绝对差距在较长的时期内还将继续存在。因此，必须把深入实施西部大开发战略放在区域发展总体战略的优先位置，加大对西藏、新疆和其他民族地区发展的支持力度；加强基础设施建设和生态环境保护；大力发展科技教育；支持特色优势产业发展；全面振兴东北地区等老工业基地，发挥产业和科技基础较强的优势，完善现代产业体系，促进资源枯竭地区转型发展；大力促进中部地区崛起，发挥承东启西的区位优势，改善投资环境，壮大优势产业；发展现代产业体系，强化交通运输枢纽地位；积极支持东部地区率先发展，更好地发挥深圳经济特区、上海浦东新区和天津滨海新区在改革开放中先行先试的重要作用；加大对革命老区、民族地区、边疆地区和贫困地区扶持力度。同时，进一步加强和完善跨区域合作机制，消除市场壁垒，促进要素流动，引导产业有序转移。

五、开发海洋资源，建设海洋强国

开发海洋资源，是实现国家资源安全的重要一环。海洋占地球表面积的71%，拥有陆地上的一切矿物资源，是人类社会发展的宝贵财富和最后空间，是能源、矿物、食物和淡水的战略资源基地。

据相关资料显示，全球88%的生物生产力来自海洋，海洋可提供的食物量远远大于陆地可提供的食物量。渔业的产出效益明显高于农业，海产品蛋白质含量高达20%以上，是谷物的2倍多，比肉禽蛋高五成。海洋石油和天然气产

量分别占世界石油和天然气总产量的30%和25%，成为石油产量中的重要组成部分。在我国45种主要矿产资源中，有相当部分已不能保证经济发展的需要。开发海洋资源，可为我国经济社会发展寻求到唯一的资源接替区，提供新的资源和发展空间，实现由主要依靠陆域发展向陆海联动发展转变，进而突破陆域资源紧缺的局限和制约，有效弥补和缓解我国陆域经济发展面临资源不足的压力，确保整个国民经济又好又快发展。

开发海洋资源，也是我国实现国民经济战略性调整、转变经济发展方式的需要。经过多年的发展，海洋经济理念已发生了深刻变化。海洋经济的发展正在从量的扩张向质的提高转变，向海洋要资源、要速度、要效益已成为当今世界的共识。随着海洋高新技术的发展，使大规模、大范围的海洋资源开发逐渐成为现实。开发海洋经济，就是要在全面提升海洋渔业等传统产业的同时，大力发展高附加值的新型临港重化工业和高新技术产业，促进科学技术在海洋经济领域的应用。通过开发海洋经济，不仅可以降低生产成本、促进环保水平的提升、进一步提高资源综合利用率，而且还能通过大力发展高附加值的重化工业和海洋生物医药等高新技术产业，培育新的经济增长点，带动相关产业的发展，进而推进经济结构的战略性调整，实现经济增长方式转变。

开发海洋资源，更是提高我国对外开放水平、适应全球海陆一体化开发趋势的需要。目前，世界范围的资本、信息、技术大流动，经济重心在逐步转移，海洋经济的发展和各行各业的进步，已经使产业结构、科技格局、贸易态势和文化氛围发生划时代的演变，世界经济必将在更大范围、更广领域、更高层次上开展国际竞争与合作。在全球陆海一体化开发的大趋势下，置身于太平洋经济圈的中国，必须审时度势，高度重视经略海洋，抢占发展先机，形成开拓海洋产业、发展海外贸易、促进经济技术合作与交流的重要推力，不断提高对外开放水平。开发海洋资源，不仅可以充分发挥海洋的优势，运用两个市场、两种资源，通过全方位开放，聚集外引效能，增加经济外向度，促进海洋产业中技术密集型和高新技术产业的发展；而且还可依托海洋经济渗透力强、辐射面宽、对陆地经济的拉动作用强的特点，增强对内陆的辐射力，通过联合开发拓展辐射能量，形成相互增益的发展态势，带动内陆腹地经济发展，是优化沿海

与内陆之间的资源配置，拉动内地经济发展的最佳选择。

开发海洋资源，对于深入贯彻党的十八大精神、落实科学发展观，实现经济社会可持续发展具有重大意义。国际社会普遍认为，海洋是 21 世纪人类生存与发展的资源宝库和实现可持续发展的重要动力源。据统计，海洋和沿海生态系统提供的生态服务价值，远远高于陆地生态系统所提供的价值。

历史发展到今天，人类面临着陆地资源匮乏、环境恶化、人口膨胀三大难题的困扰，迫使人类社会发展越来越依赖于对海洋的开发利用。开发海洋资源，有助于我国缓解环境污染、人口膨胀、能源危机等资源枯竭性问题，不断增强可持续发展能力，为全面贯彻落实科学发展观，实现经济社会可持续发展提供重要保障。

开发海洋资源，是建设海洋强国、维护国家海洋权益的迫切需要。进入21世纪以来，以争夺海洋资源、控制海洋空间、抢占海洋科技"制高点"的现代国际海洋权益斗争日趋加剧。海洋划界争端、海洋渔业资源争端、海底油气资源争端、深海矿产资源勘探开发以及深海生物基因资源利用的竞争更加激烈。可以预见，未来海洋权益的斗争将超出以往控制海上交通线、战略要地和通过海洋制约陆地的范畴，成为关系到民族生存、国家发展的战略性争夺。开发海洋资源，可以顺应时代潮流，通过实施海洋强国战略，把发展海洋经济作为推动我国经济社会发展的一项重要任务，进而抢占21世纪国际竞争的制高点，不断增强我国的综合经济实力，提高国防现代化水平，为有效维护国家的海洋权益，早日实现中华民族的伟大复兴打下坚实的基础。①

第三节　生态文明的农业经济建设

生态文明的农业经济建设，其本质就是发展生态农业。生态农业是生态产业的主体部门，对整个国家现代化的实现有重要作用。随着全球农耕面积的急

---

① 郭军，郭冠超：《对加快发展海洋经济的战略思考》，《环渤海经济瞭望》，2010 年第 12 期，第 3～7 页。

剧扩大，农业生态成了地球上的主要生态类型，对现代农业提出了新的要求，人们普遍期盼着“高效生态农业”的到来。

一、生态农业的含义及其发展

1．生态农业的概念

生态农业是指在保护、改善农业生态环境的前提下，遵循生态学、生态经济学规律，运用系统工程方法和现代科学技术，集约化经营的农业发展模式。生态农业是一个农业生态经济复合系统，将农业生态系统同农业经济系统综合统一起来，以取得最大的生态经济整体效益。它也是农、林、牧、副、渔各业综合起来的大农业，又是农业生产、加工、销售综合起来，适应市场经济发展的现代农业。

2．生态农业的发展与变迁

生态农业是工业化发展到一定阶段，当人们意识到由于工业手段运用到农业领域导致农业环境恶化、农产品质量下降、人们的身体健康受到威胁，甚至食品安全开始成为社会的一大问题时而出现的一种试图在当前科技发展的基础上返回原点的农业，即希望运用原生态手段修复农业生态环境、生产原生态的农产品，完成从农产品质量到农产品数量再到农产品质量的回归。但这种回归过程不是简单的回复过程，而是螺旋式上升的过程。即农产品数量增加基础上把追求农产品的质量作为发展目标，追求较高农产品数量基础上的较高农业经济效益、生态效益和社会效益的统一。

早在100多年前，西方国家就出现了生态农业这一名词，但一直到20世纪90年代，随着我国经济的健康快速发展，工业化水平的提高，生态农业才逐步纳入我国农业发展的战略规划中，成为指导农业发展的重要模式。

生态农业以生态学理论为主导，运用系统工程方法，以合理利用农业自然资源和保护良好的生态环境为前提，因地制宜地规划、组织和进行农业生产的一种农业，被认为是继“化工农业”之后世界农业发展的一个重要阶段。

其主要途径是通过提高太阳能的固定率和利用率、生物能的转化率、废弃物的再循环利用率等，促进物质在农业生态系统内部的循环利用和多次重复利用，以尽可能少的投入，求得尽可能多的产出，并获得生产发展、能源再利用、生态环境保护、经济效益与社会效益相统一等综合性效果，使农业生产始终处于良性循环的系统中。它不单纯着眼于单年的产量和经济效益，而是追求经济、社会、生态效益的高度统一，使整个农业生产步入可持续发展的良性循环轨道。

生态农业不同于一般农业，它通过生态方式不仅避免了“化工农业”的弊端，而且通过适量施用化肥和低毒高效农药等，突破了传统农业的局限性，但又保持其精耕细作、施用有机肥、间作套种等优良传统。可以说，生态农业既是有机农业与“无机农业”相结合的综合体，又是一个庞大的综合系统工程和高效的、复杂的人工生态系统以及先进的农业生产体系。从另一角度来讲，我国的生态农业包括农、林、牧、副、渔和某些乡镇企业在内的多成分、多层次、多部门相结合的复合农业系统，因为生物体的集合与其物理和化学环境组成了生态系统，生态系统是大而复杂的生态学系统，有时包括成千上万生活在各种不同环境中的生物种类。

20 世纪 70 年代我们采取的主要措施是实行粮、豆轮作，混种牧草，混合放牧，增施有机肥，采用生物防治，实行少免耕，减少化肥、农药、机械的投入等；80年代创造了许多具有明显增产增收效益的生态农业模式，如稻田养鱼、养萍，林粮、林果、林药间作的主体农业模式，农、林、牧结合，粮、桑、渔结合，种、养、加结合等复合生态系统模式，鸡粪喂猪、猪粪喂鱼、鱼塘泥作果树的肥料等有机废物多级综合利用的模式。

生态农业的生产以资源的永续利用和生态环境保护为重要前提，根据生物与环境相协调适应、物种优化组合、能量物质高效率运转、输入输出平衡等原理，运用系统工程方法，依靠现代科学技术和社会经济信息的输入组织生产。通过食物链网络化、农业废弃物资源化，充分发挥资源潜力和物种多样性优势，建立良性物质循环体系，促进农业持续稳定地发展，实现经济、社会、生态效益的统一。从这一角度来讲，生态农业又是一种知识密集型的现代农业体系，是以生态经济系统原理为指导建立起来的资源、环境、效率、效益兼顾的综合性农业生产体系。

二、生态农业的特征及发展模式

1. 生态农业的主要特征

与传统农业和有机农业不同，生态农业是在传统农业和有机农业的基础上出现的一种模式，这一模式集合了原来农业发展过程中农业本身的优势，又采用了有机农业的某些方式。所以生态农业具有独有的特征。

(1) 综合性

生态农业强调发挥农业生态系统的整体功能。由于农业作为一个系统，其发展不但要受本系统内部诸多要素的制约，而且也会受到其他系统的影响甚至控制，如生态系统、水系统等。所以农业系统在运行中也就必须遵循系统理论的特点和要求。系统是由相互作用和相互依赖的若干组成部分结合的具有特定功能的有机整体，而系统内诸要素之间、系统要素与系统整体之间的相互联系、相互作用，形成了特定的结构。以大农业为出发点，按“整体、协调、循环、再生”的原则，全面规划，调整和优化农业结构，使农、林、牧、副、渔各业和农村的第一、二、三产业综合发展，并使各业之间互相支持，相得益彰，提高综合生产能力。

(2) 多样性

我国地域辽阔，各地自然条件、资源基础、经济与社会发展水平差异较大，所以生态农业的发展也就不可能千篇一律。各地根据本地区的情况，确定适合本地的生态农业模式是其基本常态。也就是说，各地可在充分吸收我国传统农业精华、结合现代科学技术的基础上，以多种生态模式、生态工程和丰富多彩的技术类型装备农业生产，使各区域都能扬长避短，充分发挥地区优势，各产业都能根据社会需要与当地实际协调发展。

(3) 时代性

生态农业是在我国工业化水平发展到一定阶段产生的战略模式，所以其就

不可避免地带有了时代性的特征。现在发展的生态农业既不同于西方国家百年前的状况，也不同于我国传统农业发展时期的状况，全球化和科技的进步已经使农业发展进入了一个新阶段。在这种形势下，我国农业的任务与发展背景都发生了相应的变化。我国的生态农业进入了新的历史发展时期，我们肩负着应对世界经济全球化挑战的艰巨任务，肩负着生态环境建设的历史任务，肩负着快速发展农村经济、促进农村社会经济可持续发展、全面建设小康社会的历史任务。

（4）高效和可持续性

发展生态农业，目的是既能维持产量的稳定，又能够提高产品的质量，以保证人们的需求。所以，要求生态农业必须通过物质循环和能量多层次综合利用和系列化深加工，实现经济增值，实行废弃物资源化利用，降低农业成本，提高效益，最终避免有机农业带来的弊端。而要实现这种高效目的，保证生态农业的可持续发展就成为一个必须解决的问题。因为可持续性要求使自然资源基础保持在某一水平，使未来世代至少能够获得与当代同样的产出，所以就要求再生性资源的更新能力不能够下降，非再生性资源或其储量能够稳定，或能得到其他资源的有效替代。因此，在发展生态农业的同时，必须能够保护和改善生态环境，防治污染，维护生态平衡，提高农产品的安全性，变农业和农村经济的常规发展为持续发展，把环境建设同经济发展紧密结合起来，在最大限度地满足人们对农产品日益增长的需求的同时，提高生态系统的稳定性和持续性，以增强农业发展后劲。

2．生态农业的发展模式

地区不同、环境不同，生态农业的发展模式也有所不同。但生态农业的发展理论和发展规律却是人们必须遵循的。

（1）时空结构型

时空结构型是一种根据生物种群的生物学、生态学特征和生物之间的互利共生关系而合理组建的农业生态系统，使处于不同生态位置的生物种群在系统中各得其所，相得益彰，更加充分的利用太阳能、水分和矿物质营养元素，是在时间上多序列、空间上多层次的三维结构。其经济效益和生态效益均佳。具体形式有：果林地立体间套模式、农田立体间套模式、水域立体养殖模式、农户庭院立体种养模式等。

(2) 食物链型

食物链型是一种按照农业生态系统的能量流动和物质循环规律而设计的一种良性循环的农业生态系统。系统中一个生产环节的产出是另一个生产环节的投入，使得系统中的废弃物多次循环利用，从而提高能量的转换率和资源利用率，获得较大的经济效益，并有效地防止农业废弃物对农业生态环境的污染。具体有：种植业内部物质循环利用模式、养殖业内部物质循环利用模式、种养加工三结合的物质循环利用模式等。

(3) 时空食物链综合型

时空食物链综合型是时空结构型和食物链型的有机结合，使系统中的物质得以高效生产和多次利用，是一种适度投入、高产出、少废物、无污染、高效益的模式类型。

从其作用方面看，三种模式类型各有所长，但也有一定的缺陷和不足，不同地区只有按照本身的情况采取不同的模式，才能真正发挥生态农业的效用，使生态农业成为农业发展的主流模式。

三、生态农业建设的基本路径

1. 转变观念，走“混合饲养型耕作制”之路

生态农业建设，重要的是需要变革传统的旧的农业观念，改革单一的“谷物大田耕作制”，走“混合饲养型耕作制”之路。

从世界各国现代农业的发展历程和当今世界各国的现代农业发展的现实看，绝大多数国家的现代农业走的是“以蛋白质为纲”的发展路线。而落后的传统农业大都走的是“以粮为纲”的发展路线，传统的畜牧业则是以游牧业、亦耕亦牧的形式作为补充。

随着全球农耕面积的急剧扩大，农业生态成了地球上的主要生态类型，对

现代农业提出了新的要求，人们普遍期盼着“高效生态农业”的到来，高效生态农业除了具有规模化、标准化、信息化特征之外，生态化与可持续性成了现代农业必须具有的特征。因此，与种粮养猪相比，以人工牧草为基础的草食畜牧业则更容易实现高效生态农业的这种功能与目标。可持续高效生态农业由绿色农业、白色农业和蓝色农业组成，其生态的真正含义在于一个农业生态系统必须是植物、动物、微生物三者的平衡，种植方面，为了保持土壤肥力，尽量追求种植多年生植物。绿色农业包括农林畜牧及其食品加工业（还包括非化学纤维业）等，白色农业包括食用菌，菌体蛋白、微生态制剂及其食品加工、发酵蛋白饲料加工业等，蓝色农业包括海洋渔业、海洋养殖种植、河湖养殖种植及其水生动植物食品加工业等。

从我国的现状看，要发展可持续高效生态农业，必须大力发展人工牧草，改造传统农业。人工牧草含有高蛋白或含有可以通过微生物转化为高蛋白的纤维素和木质素。我国长期以来，由于对草业的忽视，缺乏人工牧草的开发利用，无法以草为基础形成产业链，选择了一条以粮为纲的“谷物大田制耕作路线”。许多西方发达国家不仅重视草种的改良与培育，还以草为基础形成了以蛋白质为纲的“混合型耕作制”，以苜蓿为代表的草地产业已成为重要的支柱产业。西方发达国家的先进的耕作制度极大地推动了畜牧业的发展，奠定了现代农业的基础，同时还向草食畜牧业及其深加工产业链上转移了大量的劳动力。

以“大田耕作制农业”为主导致了我国农业生产的两大错误：一是用“粮食安全底限”来混淆“食品安全底限”概念，其实，粮食只是食品的组成一部分，过分强调粮食安全底线，导致了追求粮食而忽视农业经济效益的现象。粮食复种指数的提高，不得不连年翻土耕作，导致土壤肥力下降，带来了一系列农业生态问题。除大豆外，其他粮食的蛋白含量很低，通过猪将植物蛋白转化为动物蛋白，不仅效率低，而且还造成了极难解决的面源污染。二是把天然草原错误地当成发展畜牧业的优势。天然草场往往只具有保护脆弱生态环境的生态意义，而不具有经济意义。所以，发达国家的现代畜牧业几乎全部采用人工牧草和饲用农作物或用草本、木本的豆科与禾本科牧草组合成营养全面的饲料。我国目前的现状是一方面确保粮食种植面积并不断提高单产，而另一方面却大量养猪，无谓消耗粮食，“猪”与“粮”形成了尖锐的对立和矛盾，“粮多肉贱”与“粮少肉贵”的交替使得“猪粮足安天下”变得极其困难。这种错误的食品供给结构不仅造成了资源的浪费还造成了大规模的面源污染。所以，应该及时改弦更张，变“粮食安全观”为“食品安全观”；变“食粮畜牧业”为“食草畜牧业”，大力发展人工牧草选择一条以蛋白质为纲的正确发展路线。

从生态平衡的角度考虑，我们也必须改革单一的“谷物大田耕作制”，走“混合饲养型耕作制”之路，把农业生态系统中的生产者、消费者和分解者之间的物质循环与能量转化过程，联结成一个动态的、平衡的过程。“混合饲养型耕作制”是“以蛋白质为纲”，把农田生态系统和畜牧业生态系统结合起来，实行以食品加工业为导向的农业结构的调节机制。

随着人们生活水平的日益提高，人们生活需求的结构和质量也在发生变化。今后要满足小康和富裕生活的动物性产品市场需求，必须大力发展优质蛋白饲料的生产，必须把饲料行业建设成为发达的现代化产业。在某种意义上可以说，不发展牧草就没有现代畜牧业、就没有真正意义上的食品加工业，因此，耕作制度变革是具有伟大历史意义的饲料革命。

2. 正确处理良种和土壤的关系

良种与土壤是生态农业建设的主要元素。生态农业建设必须把良种和土壤作为一个整体系统考虑，自觉地回归到“水土肥种、密保管工”上来。

世界可耕地的平均有机质含量是2.4%，美国可耕地的平均有机质含量是5.0%，而我国可耕地的平均有机质含量仅为1.3%，相对贫瘠，又加上复种指数接近3，连年连季过量施用化肥，导致土壤板结，有机质的缺乏使化肥的利用率仅有35%左右，这不仅导致作物缺乏营养，更使土传疾病流行。因此，即使再优秀的品种也迅速退化，难以高产优质。要想使农业达到“优质、高产、高效、生态、安全”，就必须把良种和土壤作为一个整体系统考虑，自觉地回归到“水土肥种、密保管工”上来，不要一味地、盲目地追求良种、追求化肥。根据发展高效生态农业的要求，我国应该大力发展“有机无机生物复合肥料”，并且要使这种有机无机生物复合肥料的有效氮磷钾达到或超过30%以上、有机

质含量达到或超过20%（其中有机物要含有1/4～1/3的腐植酸），还要有一定数量的微量元素，这样的肥料才能保证“优质、高产、高效、生态、安全”并促进农业生态的良性循环。

我国每年产生的农业废弃物约40多亿吨，其中畜禽粪便排放量26.1亿吨，农作物秸秆7亿吨，处理率不足25%，农业废弃物不能有效和及时地处理与转化，既污染了环境又浪费了资源。处理后城市生活污水淤泥以及造纸黑泥、淀粉、味精、甘蔗等加工的废料均是很好的原料。为了从根本上解决农业可持续问题，北京生态文明工程研究院的专家们建立了有机无机生物复合肥料的技术体系，即根据根际土壤微生态学、植物营养学、植物生理学原理以及高效生态农业的基本概念，利用大量的农作物秸秆、畜禽粪便和造纸草泥等农业废弃物为原料，用纤维分解菌并辅以细菌激活素和固氮、解磷、解钾菌快速腐熟、高温发酵、除臭、低温烘干后，加入氮、磷、钾和钙、镁、硫、锰、锌、铁、硼、铜、钼等多种微量元素生产肥料。它既有无污染、无公害、肥效持久、壮苗抗病、改良土壤、提高产量、改善作物品质等优点，又能克服大量施用化肥、农药带来的环境污染、生态破坏等弊端。有机生态肥既提高了土壤的有机质含量，又解决面源环境污染，实现了资源的有效利用，确保了农业生态系统的良性循环，符合我国生态农业、效益农业的发展方向，是高效农业、绿色无公害农业的理想有机肥，有广泛的应用前景。

3. 发展菌草业

循环利用工农业废弃物，结合当地的农业生态适宜度，种植人工牧草，发展菌草业，扩展食品多样性。菌林矛盾实际上是菌业生产发展与保护生态环境的矛盾。为了解决香菇生产原料问题，我国的生态技术专家提出了用野生资源极为丰富的芒萁、类芦、五节芒等野草来代替阔叶树生产香菇的设想。用芒萁、类芦、五节芒等野生草本植物栽培香菇试验首次获得成功。并在此基础上形成了菌草和菌草技术体系，它解决菌业生产中的“菌林矛盾”和“菌粮矛盾”、菌业发展与环境保护的关系，为可持续发展的生态菌业——菌草业的发展提供科学依据和生产技术。发展生态菌草业可以有效地利用自然资源和生物资源，对于高效生态农业有重要的意义。

4. 发展微生态与微生物产业

充分利用可再生资源（农作物秸秆和农产品加工剩余的废弃物如木质素、纤维素等）发展微生态与微生物产业，尤其注重发展发酵蛋白产业，扩充蛋白质来源。中国专家研究的菌体蛋白饲料生产方法可将各种薯类、籽实类、糠麸类、渣粕类、饼粕类、草粉和秸秆粉、一些畜禽粪便也可生产出蛋白含量高、营养丰富的饲料。如果我们用植物粗蛋白含量较高的人工牧草（如皇竹草、桂牧1号、合欢、锦鸡、柠条等豆科木本或禾本），通过微生物发酵工程生产出美味可口的食品，不断丰富人类食品来源，还可以通过这些多年生植物形成可持续发展的农业生态系统，那将是人类和地球的福音。

5. 发展白色农业

白色农业是指微生物资源产业化的工业型新农业，包括高科技生物工程的发酵工程和酶工程。与绿色农业相比，白色农业的可控性、规模化、工厂化、标准化更有着无比的优越性。此外，白色农业的发展对于资源的高效利用、循环经济、生态化等有着极其重要意义，因为它增强了一个生态系统平衡必需的“生产—消费—分解”过程的分解环节，这往往是绿色农业最不重视的环节。白色农业的发展可将已断裂的农业生态链条连接起来，形成真正的可持续性高效生态农业。

6. 发展蓝色农业

蓝色农业是指在水体中开展的水产农牧化活动，包括所有近岸浅海海域、潮间带以及潮上带室内外水池水槽内开展的虾、贝、藻、鱼类的养殖业。

我国有1.8万多千米的海岸线，近海的大陆架有2亿亩（1亩≈666.67平方米）。我国南方河湖面积广大、淡水资源丰富。藻类和浮游生物，不仅是鱼类的食物，有些也是人类的食品。我国的水产养殖量虽然占世界的一半以上，但是现在也遇到环境污染的挑战，造成了巨大损失。究其原因，主要原因是工业污染和饲料投放污染。如果大规模发展多年生人工牧草，既可以减少每季翻耕所带来的水土流失、减少向河流海洋的表层土壤的污染排放，又可以通过投放

利用人工牧草加工（或发酵）生产的无公害饲料，提高水产渔业食品的安全程度。

海洋和河湖的农牧场化，其基本生产资料离不开饲料和肥料，人工牧草则是生产渔业饲料和海洋种植肥料的最好选择。将人工牧草作为江河湖海的农牧场化生物质源，可形成陆地与海洋河湖的良性生态循环，避免近海的有机污染，促进蓝色农业的可持续发展。

7．发展家庭农场

家庭农场是以家庭成员为主要劳动力，从事农业规模化、集约化、商品化生产经营，并以农业收入为家庭主要收入来源的新型农业经营主体。

我国种养结合家庭农场是伴随着生态农业的兴起及发展而产生的，在农业部确定的33个农村土地流转规范化管理和服务试点地区，已有家庭农场6670多个，在促进现代农业发展方面发挥了积极作用。

我国的农业区大都为典型的种养结合区，种植业和养殖业形成物质能量互补的生态系统和农业系统，组成了一个良性循环。在中国当前农业生产条件下，家庭农场非常适合实行种养结合模式，能够及时调整种养比例，充分合理地利用农业资源，使农业系统中的食物链达到最佳优化状态，从而提高农业生态系统的自我调节能力，达到经济效益、生态效益、社会效益三者的有机统一，促进生态农业的发展。

第四节　生态文明的工业经济建设

生态文明的工业经济建设，其本质就是发展生态工业。发展生态工业，对整个国家生态现代化的实现有重要作用。

一、生态工业经济的含义及结构

1．生态工业经济的含义

生态工业经济就是按生态经济原理和知识经济规律所组织起来的基于生态

系统承载能力，具有高效的经济过程及和谐的生态功能的网络、进化型工业，它通过两个或两个以上的生产体系或环节之内的系统来使物质和能量多级利用，高效产出或持续利用。

2. 生态工业经济结构

从生态工业经济结构的角度看，生态工业是模拟生态系统的功能，建立起相当于生态系统的“生产者、消费者、还原者”的工业生态链，以低消耗、低（或无）污染、工业发展与生态环境协调为目标的工业。而生态工业经济结构指通过法律、行政、经济等手段，把工业系统的结构规划成“资源生产”、“加工生产”、“还原生产”三大工业部分构成的工业生态链。

(1) 资源生产部门

资源生产部门相当于生态系统的初级生产者，主要承担不可再生资源、可再生资源的生产和永续资源的开发利用，并以可再生的、永续的资源逐渐取代不可再生资源为目标，为工业生产提供初级原料和能源。

(2) 加工生产部门

加工生产部门相当于生态系统的消费者，以生产过程无浪费、无污染为目标，将资源生产部门提供的初级资源加工转换成能够满足人类社会生产和社会生活所需要的工业品。

(3) 还原生产部门

还原生产部门是将社会生产过程和社会生活过程中所产生的各种副产品再资源化，或无害化处理，或转化为新的工业品等。

二、生态工业经济的共生性及其特征

1. 生态工业经济的共生性

共生是自然界普遍存在的一种现象。尤其在生物种群中，不论是低等生物还是高等生物，共生现象是普遍存在的。自从有了人类，人类与自然界就构成了一个复杂的共生系统。

共生性也是生态工业经济的最基本特征。生态工业是按照工业生态学及复合生态系统的原理、原则与方法，通过人工规划、设计的一种新型工业组织形态。工业企业生态系统则主要指由工业企业以及赖以生存、发展的利益相关者群体与外部环境之间所构成的相互作用的复杂系统。在工业企业生态系统中，工业企业之间、企业集群之间以及产业园区之间能够遵循自然界中的共生原理，实现企业、企业集群、产业园区之间的互利共生，使经济效益、社会效益实现最大化，同时使利益双方或多方均受益，并形成企业共同生存与发展的生态共生链与生态共生网络。

2. 生态工业企业的共生要素

由生态学中的共生及其构成要素推理，工业企业生态系统的企业共生要素主要由共生单元、共生环境和共生媒介（或者共生模式）构成。

(1) 共生单元

共生单元是构成共生系统的基础，它是构成工业共生体的基本能量生产和交换的单位，是形成工业共生关系的物质条件。在工业生态系统中，构成共生体的共生单元是各类企业、企业集群、产业园区。如在工业企业集团内，则以各相关企业为集团共生单元；在企业集群间，则是以在集群分工前提下的各关联企业为共生单元；在存在着两个以上产业园区的区域范围，共生单元就是产业园区。

(2) 共生环境

共生环境是构成共生系统的外部条件，是共生单元以外的所有因素的综合。构成工业企业共生体的共生环境包括自然地理环境、市场及经济环境、政治法律环境、科技文教环境、社会环境等。这些外部环境，一定程度上决定了生态工业经济的存在与发展。

(3) 共生媒介

共生媒介又称共生模式，是共生单元之间以及共生体与共生环境之间发生共生关系的纽带与桥梁，也是共生体进行能量、信息、价值或产品或服务交换的具体形式。

3. 生态工业企业共生的主要特征

工业生态系统中由工业企业等共生单元组成的共生体作为开放式的人工系统，主要具有以下特征：

第一，系统性与融合性。由工业企业等共生单元组成的共生体是开放式的人工系统，其系统性是十分明显的。其系统性表现为整体性、层次性、相关性、动态性等形式。同时，共生体内部的企业之间还具有不断相互融合的趋势与特征，并在融合的过程中，通过原有技术的改进和新技术的运用，不断提高共生体内各企业的环保水平，满足共生体生态化发展的要求。

第二，合作性与竞争性。在工业企业共生体中，共生单元之间不是简单的共处，也不是企业之间副产品或废物的初级交换，而是按照一定的机制与模式，实现共生体内企业之间的全面合作，包括降低原材料消耗、提高清洁生产的技术水平、工业副产品的充分利用等；共生体内企业之间不仅包括合作，而且还包括竞争，通过竞争，在市场经济规律的作用下，优胜劣汰，不断创新，使工业企业的运行逐渐走向生态化的设定目标。

第三，互利性与互动性。在工业企业共生体中，企业作为共生单元发生作用与联系的动力源是企业双方的互利与共赢。为了实现互利共赢的企业经营目标，工业共生单元之间必须实现物质能量的不断交换。能量交换反映的是不同企业之间的互动关系，也就是说，互动是实现企业互利的基本前提。为了实现互利目标而进行的互动，必须按照设定的低消耗、低成本、原生态趋向的原则进行，其中原生态趋向是企业共生体可持续获利的基础性条件。按照企业双方主动或被动等性质，企业间共生的互动关系可以划分为“主动—被动”、“主动—主动”、“主动—顺动”、“顺动—被动”等关系。无论何种互动关系，都必须符合生态化发展的大趋势。

第四，协调性与动态均衡性。通过共生单元之间的相互协调，达到某种程度的均衡是共生体的内在属性。协调包括共生单元之间能量转换过程中的数量协调和质量协调等。如企业之间的供应链上每个环节的投入产出实质是数量协调层次，质量协调强调的是协调的效率。协调的过程是由不平衡→平衡→新的不平衡→新的平衡的动态过程。同样，这一特征也是以共生体的生态化为原则，

协调是在生态发展的前提下的协调，均衡是以自然生态环境承载力的范围内的均衡。

三、生态文明的工业经济建设的基本路径

1. 建设生态工业园区

生态工业园区建设是实现生态工业的重要途径。生态工业园区通过园区内部的物流和能源的正确设计、模拟自然生态系统，形成企业间的共生网络；甲企业的副产品（或工业垃圾）成为乙企业的原材料；乙企业的副产品（或工业垃圾）又成为丙企业的原材料……如此环环相扣，实现园区内企业间能量及资源的梯级利用，实现园区内的工业生产所造成的排放、污染等在自然生态系统自净力可控制的范围之内。

2. 发展在生态文明理念指导下的产业集群

产业集群是指在特定区域（主要以经济为纽带而联结区域）中，具有竞争与合作关系，且在地理上相对集中，有交互关联性的企业、供应商、金融机构、服务性企业以及相关产业的厂商及其他相关机构等组成的特定群体。

产业集群超越了一般产业范围，形成了在特定区域内多个产业相互融合、众多企业及机构相互联结的共生体，从而生成该区域的产业特色与竞争优势。产业集群及区域合作模式的选择实质是共生理论在产业链接与区域合作中的应用。产业集群生态共生理论的核心是模仿自然生态系统，应用物种共生、物质循环的原理，设计出资源、能源多层次利用的生产工艺流程，目标是促进产业集群与环境的协调发展，通过合理开发利用区域生态系统的资源与环境，使资源在产业集群内得到循环利用，从而减少废弃物的产生，最终实现产业与环境的和谐。

通过发展以生态文明理念为指导的产业集群，可以加快以生态文明为目标的工业经济建设进程，并在此前提下，提升区域经济合作成效。

首先，通过产降低产品成本。产品成本的降低，其本质是社会经济资源的

节约；社会经济资源的节约则是生态文明建设的重要内容。产业集群是以产业为纽带而形成的各个园区之间的联结，而各园区内企业间是一种互利共生的合作关系。

从园区内部看，园区内各企业间通过建立工业共生网络，实现副产品和废物的交换，将上游副产品和废物变为下游企业的原材料，因资源再利用的价格一般低于原生资源，这就降低了企业投入要素的价格，同时企业卖出副产品和废物不但得到额外收入，还减少了对环境的污染，降低了环境治理成本。由于园内企业的地理位置接近，降低了企业的采购成本、运输成本、库存成本等，园内企业共享基础设施也降低了一定成本。

从园区外部（即产业集群）看，根据社会分工的原理，某X园区的产品往往构成某Y园区的主原料。由于各园区内充分实现了以生态系统的自净能力平衡为基础的发展模式，因而集群内部也实现了产业发展与生态系统自净能力的平衡。从而构建了以生态文明建设为前提的工业经济发展模式。

另外，从交易费用看，园内企业集聚从而具有了产业集群的市场交易特性。由于园内特有的生态产业链，园内企业间的相互协作使得任何一个企业的投资都呈现出资产专用性的特征，如地理位置的专用性、有形资产的专用性、人力资本的专用性等，这种特性在某种程度上减少了园内企业的败德行为（如违约），降低了企业间信息成本、搜寻成本、谈判成本等。这种长期的相互沟通与合作，逐渐在企业间形成一种互信机制，互信基础上的合作与交易大大降低了交易费用。

其次，拉动区域经济发展，提高区域竞争力。产业集群中的生态工业园一般是围绕当地资源（原材料）展开，园区通过延伸产业链、补充新的产业链等能吸引更多的企业入园，也能带动当地相关产业发展。因此，生态工业园区建设必然成为带动区域经济发展的经济增长点，生态工业园区建设及当地相关产业发展则能提供较多的就业岗位，缓解地方就业压力。同时，生态工业园区的产业空间集聚，也有利于区域产业结构调整和发展，实现区域范围或企业群间的资源最佳循环利用和实现污染“零排放”。园内企业的合作和相互依存，使园区企业间产业链更加紧密。园区之间的合作与竞争也是壮大了区域经济实力的

有效途径。加上集群体制优势和整体协调优势，必然使区域竞争力得到极大提高。

第五节　生态文明的服务业经济建设

服务业是国民经济中的一个重要产业，现代服务业的发展标志着一个国家经济的发展水平，加快生态文明的服务业经济建设，符合服务业在资源耗费、环境保护等方面的特殊性，对生态文明建设有重要作用。

一、服务业与现代服务业含义与特征

1. 服务业及其基本特征

一般认为，服务业即指生产和销售服务商品的生产部门和企业的集合，是现代经济的一个重要产业。服务业是服务产品生产和经营的行业，主要是指农业、工业、建筑业以外的其他行业。通常人们往往把第三产业称为服务业。服务业的主要职能是利用设备、工具、场所、信息或技能为社会提供各色各样的服务。

与一般物质商品相比，服务业具有以下特性：

第一，非实物性。服务产品不同于一般商品。通常情况下，服务产品是以非物质的形态出现在市场上的，除非服务包含在商品当中的部分服务业产品（如旅游业中的部分产品）。由于服务产品的无形性，决定了服务业的发展避免了物质资源的大量耗费，为节约社会经济资源创造了前提，同时也为减少环境污染创造了前提。

第二，不可储存性。服务的不可储存性主要表现在两个方面：一是服务产品的生产、销售、消费是同时进行的，时间上和空间上都具有不可分离的性质；二是服务产品是以非物质形态出现在市场上的，因而不可能像物质产品一样可以储存起来。这一特征表明，在服务业的产品生产和消费过程中，并不产生或

很少产生废弃物。

第三，明显的差异性。服务产品差异性极其明显，同一服务产品，在不同的时间、不同的地点、不同的消费者、不同的服务人员中均具有明显的差异。如同样是黄山风景区的旅游产品，对游客（消费者）来说，因时间的不同而表现出不同的欣赏价值，春、夏、秋、冬各不相同。

第四，生产、交换、消费的同时性。通常情况，服务产品的生产、交换、消费过程在时间与空间的结合上是重叠的，即既是服务产品的生产过程，也是其流通过程和消费过程，因而具有环节少、资金周转快的特点。

2．现代服务业及其基本特征

现代服务业主要是指那些依托电子信息等高技术和现代管理理念、经营方式和组织形式发展起来的，主要为生产者提供服务的部门。它不仅包括现代经济中催生出来的新兴服务业，如信息服务、电子商务等，而且也包括现阶段保持高增长势头以及居于较大比重从而具有“现代”意义的服务业，如金融保险、专业化商务服务等，同时还应该包括被信息技术改造从而具有新的核心竞争力的传统服务，如各种咨询业务、现代物流服务业等。

现代服务业除具有传统服务业的基本特征外，还具有高人力资本含量、高专业性、高附加值等特征，具体来说：

第一，现代服务业的发展成为世界经济发展过程中的主导力量。在相当长的时期中，人们普遍认为经济发展的主要组成部分是制造业，但从20世纪80年代以来，现代服务业的产出在整个世界经济中的比重持续增加，使得现代服务业在整个经济活动中取得了主导地位，成为经济发展中的主体。

第二，现代服务业快速发展是支撑全球服务业持续发展的主要动力。在服务业快速发展并占据经济主导地位的过程中，现代新兴的服务业是支撑整个服务业发展最主要的动力和基础。

第三，大型经济中心城市是现代服务业积聚与发展的主要空间。进入后工业化时代以后，服务业的发展已为经济增长的主要动力，围绕着经济发展过程中所需要的各种要素资源，包括商品、资金、信息、人才、技术这些要素的积

聚与流通逐渐在城市空间中展开，与之相关的服务业也在城市中得以快速地发展，这是经济中心城市强大服务功能形成的一个很重要的基础，也是整个国际化产业布局和转移的一个重要特征。由于中心城市能够为高端的服务业要素的流通提供平台，使得中心城市成为经济发展的主要核心和带动力。

第四，外包成为现代服务业发展的重要形式。新兴服务业特别是现代服务业的产生是专业化分工深化的结果。过去存在于企业内部经济运行过程中所必要的职能或功能，通过企业规模和整个产业规模的扩大，也具有了规模化的要求，逐渐从企业内部走向外部，从而形成新兴的服务行业。围绕着服务外包产生了很多新的服务行业，如物流、技术研发、技术设计等都是企业内部的核心环节；以 IT 技术为基础的信息服务的产生；围绕着如勘探、石油开发等领域进行的专业化工程服务，也成为现代服务业的重要发展领域。围绕着很多专业领域的新的服务项目，特别是通过政府部门和企业新的需求来培养新兴的服务行业，是现代服务行业扩张的一个重要特征。

第五，现代服务业向知识、技术密集转型。服务业是新技术的使用者；新兴服务业如技术、营销服务部门在为企业服务的过程中不断收集新的共性技术要求或产品创新方向，使服务业变成新技术、新产品乃至新的服务方式的创新者，成为技术研发的主要力量；新技术在推广过程中不断地与传统技术相融合，又成为现代新技术的主要推广者和许多传统技术的整合者；新技术往往表现为设备、手段、工具等的改进与创新，而知识往往与人结合在一起，因而新兴服务业也成为专业知识密集的区域。

第六，现代服务业与传统服务业不断渗透与融合。传统服务业是现代服务业的基础，是带动现代服务业全面发展的先导和动力；现代服务业的理念、形式又不断地推动传统服务业的改造和升级。

二、现代服务业对生态文明建设的作用

在当今服务业的发展过程中，现代服务业已成为服务业的主流，对生态文明建设的影响也越来越大。

1. 发展现代服务业有利于缓和产业发展对资源和环境的冲击与负荷

现代服务业本身具有资源消耗低、环境污染少的特点，这在很大程度上可以缓解产业发展对资源和环境的冲击与负荷。以资源消费为例，据2007年《中国统计年鉴》，2006年工业能源消费总量为175136.64吨，服务业能源消费总量为59023.18万吨，其中交通运输、仓储和邮政业能源消费量为18582.72万吨，批发、零售业和住宿、餐饮业能源消费量5522.44万吨，其他行业能源消费量9530.15万吨，生活能源消费量25387.87万吨。与工业相比，服务业消耗1吨能源的产出为1.4万元，工业消耗1吨能源的产出为0.59万元，从能源的消耗来看，服务业能消耗远远低于工业。现代服务业是产业经济中高效、清洁、低耗、低废的产业类型。

2. 发展现代服务业是加快生态文明建设的有效手段

发展现代服务业有利于转变经济增长方式和产业结构调整，而转变经济增长方式和先进的产业结构正好是加快生态文明建设的有效手段。

实现经济增长由主要依靠增加物质资源消耗向主要依靠科技进步、劳动者素质提高、管理创新转变，这是转变经济增长方式的具体内容。经济增长的主要方式有两种：内涵式扩大再生产和外延式扩大再生产。主要利用技术进步和科学管理提高生产要素的质量和使用效益，实现生产规模的扩大和生产水平的提高是内涵式扩大再生产；主要通过增加生产要素的投入实现生产规模的扩大和经济总量的增长的方式是外延式扩大再生产。在资源日益短缺、环境状况不断恶化的条件下，内涵式扩大再生产是实现经济增长的最主要手段。现代服务业是运用现代科学技术和设备，在现代管理技术组织下为生产、商务活动和政府管理提供服务网络化、信息化、知识化和专业化的产业，因而发展现代服务业是转变经济增长方式的最主要手段。

现代服务业也是满足我国产业结构调整的重要手段。现代服务业在世界经济和社会发展中呈后来居上的态势。从横向看，经济越发达，居民越富裕的国家，其现代服务业的比重就相对较高。以人均服务消费为例，2001年，美国人均服务消费是中国的125倍，韩国和墨西哥也比中国多十几倍。从纵向看，各

国的现代服务业比重都在增加。

从我国的现实看，发展现代服务业有利于我国产业结构的调整，促进现代服务业的大发展。发展现代服务业，直接形成了各种资源向会展、金融、保险、信息、咨询、新型物业管理、电子信息等科技含量较高的新兴行业的投资转移的趋势，优化了产业结构，为生态文明建设创造了良好的基础性条件。

三、发展现代服务业的基本路径

我国的现代服务业发展相对滞后，据统计，2011年全国国内生产总值为471564亿元，其中第一产业增加值47712亿元，占全国国内生产总值10.1%；第二产业增加值220592亿元，占全国国内生产总值46.8%；第三产业增加值203260亿元，占全国国内生产总值43.1%。而发达国家的第三产业的比重，一般在70%左右；即使低收入国家，其第三产业的比重也达45%以上。第三产业的不发展，同时也表明我国的现代服务业的发展具有较大的空间。为了加快我国生态文明建设的步伐，积极发展现代服务业是其重要内容。

发展现代服务业的基本目标，即现代服务业增加值年均增长速度要适当高于国民经济增长速度。通过改造提升传统服务业，加快现代服务业市场化、产业化、国际化等手段，实现现代服务业的跨越发展。

首先，大力发展教育事业。鼓励社会各界投资办学，形成以政府办学为主、公办和民办学校共同发展的格局。支持社会力量采取多种方式举办职业技术教育、高等教育和学前教育等非义务教育。

其次，积极发展科学研究服务产业。科学研究服务产业的发展，不仅大大推动国民经济的发展，而且由于其发展前景广阔，对提升服务业层次及在国民经济中的地位起着关键作用，因而可视为朝阳产业。

再次，快速发展信息服务业。信息服务业的发展不仅关系国民经济与社会发展的全局，而且由于是当今世界信息产业中最活跃、发展最快的产业，因而关系一个国家在世界市场上的竞争状况。快速发展信息服务业，加快信息服务平台的建立，形成完备的信息化服务体系，为社会提供更多的信息化服务，最终实现信息的商品化和国际化。

最后，大力开发生态旅游业。生态旅游业是集多种产业于一体的综合性产业，其产业特征是综合性、动态性、可持续性，生态旅游业密度高、链条长、拉动大，能拓展第一、二产业的市场，同时为其他服务业的发展带来机遇，促进地区产业结构的优化和升级，对加快地方经济的发展有巨大的推动作用。据统计，旅游业每增加1元收入，可带动相关产业增加收入4.3元，每增1个就业人员，能带动增加5个就业岗位。通过发展生态旅游业，可以提高国民的体能素质和道德修养素质，使旅游者通过和大自然的亲密接触，充分认识到地球对于人类命运和文明兴衰的重要性，保护环境、节约资源，理解和建立生态文明的新理性。

此外，结合实际，优化区域布局，加快城市化进程。现代服务业的区域布局与各地城市化进程，第一、二产业发展水平，国家特大型投资项目等高度相关。因此现代服务业发展的区域规划，必须从各地实际出发，利用本地区优势，发展与本地区经济发展水平相一致的、具有本地特色的现代服务业。随着各地城市化进程的不断推进，现代服务业也必须与其配套跟进。

第五章　生态文明的政治建设

生态文明的政治建设是以生态文明观为基础，把长期以来社会发展中的经验教训加以总结和概括，形成社会全体成员必须共同遵守的法规、条例、规则等制度，使人们的经济生活、政治生活、文化生活、社会生活逐步走向规范化、制度化，其作用在于调节社会关系，指导社会成员的生活，规范人们行为，保证社会可持续发展。

第一节　信息范型转变带来制度建设的管理手段创新

互联网诞生引起了人类政治、经济、文化、军事、社会等领域的又一次革命，使人类迈入了信息时代，物联网和互感网的出现，形成了一个类似人脑的互联网虚拟大脑管理地球村事务的格局。随着“智慧的地球”的建设、“云计算”的出现、大数据时代的来临，将带来人类生产和生活方式的根本转变，地球表层也因为有了“地球脑”而“觉醒”，从互联网到互感网的信息范型转变为全球生态文明制度建设提供了全新的管理手段。

一、互联网带来信息范型转变

1969年9月2日，美国加州大学洛杉矶分校首开网络数据传输的先河，使互联网诞生。它的诞生引起了人类政治、经济、文化、军事、社会等各个领域的又一次革命。互联网使世界合为一体，使人类迈入了信息时代，极大地缩短的人们之间的空间距离，人类居住的地球成为一个名副其实的地球村，互联网汇聚了地球上的各种信息，是地球村的村民接触世界、了解世界的最大平台。

在2002年，全球使用互联网的人数超过5亿，2006年这一数字超过10亿，2008年全球的网民突破了15亿。据《第31次中国互联网络发展状况统计报告》显示，截至2012年12月底，中国网民数量达到5.64亿，互联网普及率为42.1%；2012年网民增量为5090万，互联网普及率较2011年提升3.8%；手机网民规模达到4.2亿，较2011年底增加了约6440万人；农村网民规模为1.56亿，比2011年底增加约1960万；2012年使用台式电脑上网的网民比例为70.6%，通过笔记本上网的网民比例为45.9%，手机上网比例则增长至74.5%，第一大上网终端的地位更加稳固；域名总数为1341万个，其中“.cn”域名数为751万个，网站总数升至268万个；网络购物用户规模达到2.42亿。

可以说，信息实力已经是一个国家成为大国不可缺少的支撑力量。世界上已经有越来越多的国家进入了信息时代，通信技术和信息加工业会对人类社会产生巨大而深远的影响。

1999年，在“互联网”的基础上提出了“物联网”的概念。物联网指的是在无线射频识别技术（RFID）的基础上，将各种信息传感设备（射频识别装置、激光扫描器、红外感应器、全球定位系统等装置）与互联网结合起来而形成的一个巨大网络。通过装置在各类物体上的电子标签、传感器、二维码等与无线网络相连，给物体赋予智能，从而实现人与物体的沟通和对话，实现物体与物体互相间的沟通和对话。物联网用途广泛，可运用于政府管理、公共安全、安全生产、环境保护、智能交通、智能家居、公共卫生、公民健康等各个领域。据预测，如果物联网全部建成，其产业要比互联网大30倍。2001年，美国加州大学伯克利分校的研究人员研制出了第一个智能灰尘（Smart Dust），它由微型控制器、传感器、无线收发机组成。由于应用了纳米技术，现在智能灰尘小到几毫米甚至更小，配上不同的传感器，智能灰尘就可以用到不同的地方，随手撒出一把智能灰尘，每个单体智能灰尘就能与相邻的灰尘建立数据通信联

系，形成一个无线网络。智能灰尘的出现，极大地推动了物联网的发展。2005年11月17日，国际电信联盟（ITU）发布的《ITU互联网报告2005：物联网》指出：无所不在的“物联网”通信时代即将来临，世界上所有的物体从轮胎到牙刷、从房屋到纸巾都可以通过国际互联网主动进行交换，射频识别技术、传感器技术、纳米技术、智能嵌入技术将得到更加广泛的应用。中国的“物联网”研发技术目前已处于世界前列，海尔集团于2010年1月23日推出了“物联网冰箱”，除了普通冰箱的储存食品功能外，可以通过与网络的连接，实现冰箱与食品的对话，让消费者随时了解超市的商品信息，帮助人们制定合理的膳食方案，同时还具有强大的生活和娱乐功能，其意义不仅在于它代表了家用电器的发展方向，更重要的是它将逐渐改变人们的生活方式。

1999年，在美国召开的移动计算和网络国际会议上提出“传感网是21世纪人类面临的又一个发展机遇”，这使得传感网迅速成为全球研究的热点。2002年，美国橡树岭实验室提出了IT时代正从“计算机即网络”迅速向“传感器即网络”转变。

当前，互联网的发展进入了一个全新的时代。互联网已经走过了计算机联网的时代，进入了“人脑”联网的新纪元，它正向着与人脑结构高度相似的方向进化。通过在互联网的终端装上各种传感器，使互联网成为一个互感网，如通过音频采集器打造虚拟听觉系统，通过视频采集器打造虚拟视觉系统，通过空气传感器、水系传感器系统、土壤传感器等打造虚拟感觉系统，通过各大网站的用户空间（包括博客、威客、电子邮件等）打造虚拟运动系统，通过光纤、电缆、无限传输媒介等打造虚拟神经系统，加上自动办公设备、自动生产设备、自动家用设备，构成了信息处理中心服务器，台式计算机、笔记本电脑、上网手机等构成了虚拟神经元，一个类似人脑的互联网虚拟大脑管理着地球村的事务。

二、智慧地球的诞生和云计算的出现

2008年底，IBM公司提出了“智慧的地球”，同时也宣告了IBM“智慧的地球”战略开始实施。“智慧的地球”就是把新一代IT技术充分运用在各行各业之中，即把感应器嵌入和装备到全球每个角落的电网、铁路、桥梁、隧道、公路等各种物体中，并且被普遍连接，形成所谓“物联网”，而后通过超级计算机和“云计算”将“物联网”整合起来，人类能以更加精细和动态的方式管理生产和生活，从而达到全球“智慧”状态，最终形成“互联网 + 物联网 = 智慧的地球”。

IBM 推出了各种“智慧”解决世界难题的方案，包括智慧能源系统、智慧金融和保险系统、智慧交通系统、智慧追踪系统、智慧医疗保健系统等。在此基础上，人类可以更加精细和动态地管理生产和生活，达到“智慧”状态，极大提高资源利用率和生产力水平，应对人类面临的日益严重的经济危机、能源危机、环境恶化，从而打造一个“智慧的地球”。

当代科学技术的发展使得几乎任何系统都可以实现数字量化和互联，并在此基础上人类能够作出更加智慧的判断和处理。一是各种创新的感应科技开始被嵌入各种物体和设施中，从而令物质世界被极大程度的数据化；二是随着网络的高度发达，人、数据和各种事物都将以不同方式联入网络；三是先进的技术和超级计算机则可以对堆积如山的数据进行整理、加工和分析，将生硬的数据转化成实实在在的洞察，并帮助人们作出正确的行动决策。当这些智慧更普遍、更广泛地应用到人、自然系统、社会体系、商业系统和各种组织，甚至是城市和国家中时，“智慧的地球”就将成为现实。

IBM 认为，建设“智慧的地球”是人类共同的诉求。不论是企业、政府、学界，还是个人，都希望获得新洞察，都追求绿色可持续发展，大家都希望能够聪明地运作，将整个社会生活建立在灵活而动态的基础设施之上。建设“智慧的地球”，能够让世界运转得更美好。

2011 年 3 月 1—5 日在德国汉诺威举行的全球最大的 IT 展 CeBIT 展的主题是“在云端工作和生活（云计算）”。“云计算”又称“云端计算”，被看作是科技领域的下一场革命。它由“云”和“端”两个部分组成：“云”就是通过网络把资料储存在大型的服务器中，“端”就是各种能上网的智能手机、平板电脑等终端。“云计算”不仅可以把计算机资源作为管理部门的主要管理手段，提高管理效率，也可以作为一种公共设施提供给大众，极大地节约了资源，方便人们

的工作和生活。“云计算”的出现将带来人类生产和生活方式的根本转变。

被称为“互联网之父”的温顿·瑟夫博士正在从事一项“星际互联网协议”科技工程，先计划让不同国家的轨道运行卫星、空间机器人和空间站通过互联网协议进行数据信息交换，然后再传送到地球空间管理站。今后“星际互联网”会推向太阳系，并与“地球互联网”兼容，实现天地互联。

三、大数据时代的来临和大数据产业的崛起

大数据（big data）是用来描述和定义信息爆炸时代产生的海量数据，并命名与之相关的技术发展与创新。

随着互联网的飞速发展，互联网一天产生的全部内容可以刻满1.68亿张DVD、发出的邮件有2940亿封之多、发出的社区帖子达200万个、卖出的手机为37.8万台……全球知名咨询公司麦肯锡最早提出“大数据”时代的到来。

大数据时代呈现了四大特征：一是数据量已经从TB级别跃升到PB、EB乃至ZB级别，国际数据公司（IDC）的研究结果表明，全球产生的数据量已由2008年的0.49ZB增长到2011年的1.82ZB[①]，到了2020年，全世界所产生的数据规模将达到今天的44倍；二是数据类型繁多，除了数字外，还包括文本、图片、声音、影像、地理位置等，随着科技的发展，如指纹、脉搏、眼球移动等生物技术收集的生物数据也将包括在内；三是数据价值密度相对较低，信息海量但价值密度较低；四是处理速度快，时效性要求高。

英国的维克托·迈尔·舍恩伯格在《大数据时代》一书中指出大数据开启了一次重大的时代转型，大数据带来的信息风暴正在变革我们的生活、工作和思维，大数据将为人类的生活创造前所未有的可量化的维度，已经成为了新发明和新服务的源泉，对人类的认知和与世界交流的方式提出了全新的挑战。

2012年3月22日，美国政府将“大数据战略”上升为国家意志，为拉动大数据相关产业发展投资2亿美元，并将数据定义为“未来的新石油”。一个国家拥有数据的规模、活性及解释运用的能力将成为综合国力的重要组成部分。

① 1024GB=1TB、1024TB=1PB、1024PB=1EB、1024EB=1ZB。

2012年联合国在发布的《大数据政务白皮书》中指出，可以使用极为丰富的数据资源，来对社会经济进行前所未有的实时分析，帮助各国政府更好地管理社会和经济。发展大数据产业对向知识经济的转型具有重大的意义。

互联物、物联网、互感网为人类采集了海量的数据，而云计算则提供了强大的计算能力，这就构建起了一个与物质世界相平行的数字世界，地球表层将成为一个具有“智慧”的“地球脑”。地球表层也因为有了“地球脑”而“觉醒”，从互联网到互感网的信息范型转变为全球生态文明制度建设提供了全新的管理手段。

“地球脑”以巨大信息储存和处理能力，及时迅速有效地把握全球生物圈的各种信息，尤其是把握全球“自然—经济—社会”复合系统的各种信息，只有这种全方位的信息把握，才能使全球生态文明维持下去。因为，自然环境是人类经济活动的支撑系统和最初的物质提供者，工业文明越是发达，人类控制、支配、改造环境的能力也就越强，人类及其生存环境相应地被摧毁的可能性就越大，因此也就需要对自然环境运行规律进行更本质的把握，辨识自然环境的种种征兆和反应并作出资源报警、生物圈报警、经济环境危机报警和人口报警等，以免遭受工业文明负面作用的摧残。因此说，没有信息文明，生态文明是不可能实现的，生态文明和信息文明是脱胎于工业文明孪生兄弟。

第二节　政治的生态转型

生态文明不仅是当代最大的哲学命题，也是当代最大的政治命题，需要全人类的智商和智慧来破解，建立起一整套的制度，完成生态文明的政治转型。

一、生态问题是最大的政治

贾雷德·戴蒙德在2005年出版的《崩溃——社会如何选择成败兴亡》[①]中

① 贾雷德·戴蒙德：《崩溃——社会如何选择成败兴亡》，江滢，等译，上海：上海译文出版社，2008年。

指出，事实上，今天的环境问题，首先不是一个科学技术问题，甚至几乎就不是科学技术问题，而是彻头彻尾的政治问题。目前，人们对这一看法已达成广泛共识。从表象看，生态问题是一个因人类不合理开发、利用自然环境或生态系统所导致的生态失衡、恶化进而影响人类生存和发展的问题，貌似是个科学技术应加以解决的问题，但生态问题最终会直接影响到人类社会的生活系统进而波及人类的政治领域，如苏联在70余年以工业化为主要内容的社会主义发展过程中，产生了西方发达国家初期发展时存在的严重生态环境破坏现象，这些问题又没有得到及时有效地解决，最终成为群众性政治抗议运动的渊源。因此，要透过自然、经济、技术的表象视角，上升到政治学的高度看待生态问题，才能揭示其产生的深刻根源并找到解决严重危机的有效良方。

正如诺曼·美尔斯所指出的那样："每一种环境因素，在某种程度上，都能引起经济崩溃、社会紧张和政治敌对。"[①]纵观当前，生态危机对国内政治、国际政治的影响日益凸显，国内的生态危机常成为民众质疑、抗议执政党和政府的路线、方针和政策的一大源头，使得执政党和政府陷入政治认同感、政治合法性、政治整合性危机；而超越国界的、严重的生态危机已然成为国家间矛盾与冲突的一大导火索，世界各国高度重视生态安全，生态安全已然成为国家安全的重要内容。

当前，中国的发展已进入了环境高风险时期，污染已从单个企业、单个地区的污染走向布局性、结构性的污染，一旦发生环境事故，就将威胁数百万老百姓的生命安全，环境问题导致许多地方政府与民众关系紧张、矛盾冲突，应成为地方政府亟须改进的一大重点。2006年10月，中共中央党校"科学发展观与社会整体文明研究"课题组曾对全国8省市2000名领导干部进行了问卷调查，在关于"全面发展应主要包括的内涵"这一问题中，选择"经济建设、政治建设、文化建设、社会建设和生态建设"五项内容的高达77%。选择"经济建设、政治建设、文化建设、社会建设"这一比较规范答案的有16.8%，认为仅是"经济发展、政治发展、文化发展"的有9.8%。[②]当前，我国构建社会主

① 陆忠伟：《非传统安全论》，北京：时事出版社，2003年，第193页。

② 钱俊生，赵建军：《生态文明：人类文明观的转型》，《中共中央党校学报》，2008年第1期，第44~47页。

义和谐社会，需要从生态政治学的高度充分认识人与自然和谐对于社会和谐的极端重要性，认识分析对待生态危机发生的深层次的政治因素，通过观念革新，唤起人们的生态政治意识和生态政治责任，营造科学的生态政治文化，进行积极的生态政治参与，构建科学的绿色思维方式、绿色生产方式、绿色生活方式、绿色行为方式等，从而走上生产发展、生态良好和生活富裕的和谐发展道路。

二、政府的生态转型

在当代中国，政府在经济社会等各个层次都发挥着无可比拟的重大作用和影响，政府主导着生态文明建设。因此，政府的生态转型是中国实现可持续发展的理性选择，也是中国走向生态文明的核心保障。所谓政府的生态转型是指政府能够树立尊重自然、顺应自然、保护自然这一生态文明的基本理念，并能够将这种理念与目标渗透与贯穿到政府制度与行为等诸方面之中去，积极探索人与自然和谐共生的基本诉求及实现路径的行政管理系统。

1. 树立生态政治意识理念是政府转型的先导

(1) 执政理念转型创新

要实现从以民为本的公民导向到人与自然和谐共生、生态优先的理念转变。党的十八大报告对生态文明建设的论述将成为发展的导向，不仅“涉及生产方式和生活方式根本性变革的战略任务”，还会涉及思想观念的深刻转变，涉及利益格局的深刻调整，涉及发展模式的转轨。长久以来形成的以民为本的执政理念也必需在生态文明的要求下进行调整，用生态文明的标准来重新衡量和评价。实现生态文明的发展，不仅是发展的更高一级形态，也是人民群众的根本利益、共同利益、切身利益之所在。人与自然和谐共生、生态优先的理念，把群众利益高高举过头顶，用壮士断腕的勇气对那些破坏生态的项目说不，用科学发展的理念建树绿色、循环、低碳的发展模式，发展才能真正造福于民。

(2) 政府职能拓展创新，强调政府的生态职能

过去对政府职能的界定包括政治职能、经济职能、社会职能、文化职能四

大职能，生态服务职能往往是隐含在社会职能里的，没有引起足够的重视。当前，亟须将生态服务职能贯穿于政治职能、经济职能、社会职能、文化职能、环境职能中并举构成政府的基本职能，并明确环境职能内涵所包括生态政策制定与执行职能、生态管理与监督职能、生态补偿与资金供给职能、生态文化的宣传与教育职能等方面，增强政府对生态职能的执行力度，增强政府的生态使命感。

（3）政绩考核体系转型革新

长期以来，政绩考核的唯GDP论已使中国生态环境付出巨大代价，生态文明建设关键问题是我们各级领导干部要树立正确的政绩观。因此，党的十八大报告对“生态文明建设”大力着墨，报告首次提出要把资源消耗、环境损害、生态效益纳入经济社会发展评价体系，建立体现生态文明要求的目标体系、考核办法、奖惩机制。这是“将生态文明要求纳入考核办法”第一次出现在党代会报告中，而此次报告语言表述的具体与详尽也意味着国家将在更为实质的层面推进生态文明建设与官员政绩挂钩。这一理念的提出将有助于摒弃传统的盲目追求增长的政绩观，也将成为政府生态转型的一个基本标志和历史拐点。

2．制度建设是政府转型的关键

党的十八大报告指出:“保护生态环境必须依靠制度”,“建立国土空间开发保护制度，完善最严格的耕地保护制度、水资源管理制度、环境保护制度。深化资源性产品价格和税费改革，建立反映市场供求和资源稀缺程度、体现生态价值和代际补偿的资源有偿使用制度和生态补偿制度。积极开展节能量、碳排放权、排污权、水权交易试点”。当前，各级政府作为制度的制定者和执行者，必须严格遵照党的十八大要求，履行职能，让国家方针政策落到实处。

（1）完善严格的耕地保护制度

耕地保护是事关民族生存发展、子孙后代长远生计的大问题，这些年，各级在保护耕地方面态度坚决、措施严厉，但事实证明，我国的耕地仍以每年几百万亩的速度被占用。今后随着工业化城镇化的推进，保护耕地面临的压力会更大，政府必须坚决实行最严格的耕地保护制度和最严格的节约用地制度，坚守18亿亩耕地红线不动摇，这个没有任何讨价还价的余地。政府要善于总结一些地方建立耕地保护补偿制度、加强耕地质量建设的成功经验，加快建立健全耕地保护和建设的长效机制。同时，引导做好中低产田改造力度，不断提高高标准农田比重。

(2) 完善水资源管理制度

2012年1月，《国务院关于实行最严格水资源管理制度的意见》颁布，提出“加快节水型社会建设，促进水资源可持续利用和经济发展方式转变，推动经济社会发展与水资源水环境承载能力相协调，保障经济社会长期平稳较快发展”，并明确了今后20年水资源开发利用控制红线，“到2015年，全国用水总量力争控制在6350亿立方米以内；万元工业增加值用水量比2010年下降30%以上，农田灌溉水有效利用系数提高到0.53以上；重要江河湖泊水功能区水质达标率提高到60%以上。到2020年，全国用水总量力争控制在6700亿立方米以内；万元工业增加值用水量降低到65立方米以下，农田灌溉水有效利用系数提高到0.55以上；重要江河湖泊水功能区水质达标率提高到80%以上，城镇供水水源地水质全面达标。到2030年全国用水总量控制在7000亿立方米以内；确立用水效率控制红线，到2030年用水效率达到或接近世界先进水平，万元工业增加值用水量（以2000年不变价计，下同）降低到40立方米以下，农田灌溉水有效利用系数提高到0.6以上；确立水功能区限制纳污红线，到2030年主要污染物入河湖总量控制在水功能区纳污能力范围之内，水功能区水质达标率提高到95%以上。”我国是一个淡水资源稀缺的国家，今后缺水问题会更加突出。中央已对加强水利改革发展作出了全面部署，要认真落实各项措施。各级政府要严格实行用水总量控制、用水效率控制、水功能区限制纳污制度，突出加强农田水利等薄弱环节建设，大力发展节水农业，着力破除水资源紧缺对农业发展的制约。

(3) 建立资源有偿使用制度和生态补偿制度

2007年，党的十七大报告在完善基本经济制度和宏观调控体系中首次提出，要重视资源与环境保护的要求，即建立考虑资源稀缺程度、环境损害成本的资源价格形成机制；实行有利于科学发展的财税制度，建立健全资源有偿使

用制度和生态环境补偿机制。此举旨在通过非行政化的方式解决资源与环境的瓶颈问题。政府可运用其掌握大多数的社会、经济和自然资源以及其在配置资源的过程中拥有巨大的发言权的优势，较为灵活和主动地运用多种政策杠杆，包括经济手段、政治手段、法律手段等对环境保护进行有效干预，比如合理确定最优污染水平和排污费的收费标准，合理增加厂商的生产成本，迫使他们为了使其在支付排污费后的收益最大化，自动地将生产规模缩减到能达到最大的社会纯收益的状态，积极开展节能量、碳排放权、排污权、水权交易试点。价格是有效的调节杠杆，只有改变可以低廉甚至无偿使用生态产品、让污染者承担污染后果的做法，才能扭转生态环境恶化趋势。

（4）加强环境监管是政府的重要责任

党的十八大报告提出：“要加强环境监管，健全生态环境保护责任追究制度和环境损害赔偿制度。”各级政府应强化环境预警和应急管理意识，建立包括政府环境预警检测系统、环境预警咨询系统、环境预警组织网络系统和环境预警法规系统4个子系统构成的环境预警系统，防患于未然。建立政府环境应急管理机制，即政府通过对组织、资源、行动等应急资源的有机整合，以应对环境突发事件的一种机制，构建科学、高效、协调的环保事故应急管理体制是生态型政府建设的题中应有之义。

（5）加强生态文明宣传教育是政府转型的有效手段

政府宣传对民间行为可起到风向标的作用，各级政府要抓住十八大的契机，加大生态文明宣传教育力度。增强全民节约意识、环保意识、生态意识，形成合理消费的社会风尚，营造爱护生态环境的良好风气。同时，在事关民众的重大生态决策中要树立民主的作风，构建生态型政府的民主决策体制，尤其在有关资源、环境、灾害、教育、卫生等经济和社会问题作出决策前，严格遵循社情民意调查制度、政务公开制度、公开听证制度、专家咨询制度等，提高环境决策的民主化与科学化。

3. 实现政府自身生态转型

(1) 构建电子政府

电子政府是生态服务型政府的内在要求。电子政府是指在政府内部采用电子化和自动化技术的基础上，利用现代信息技术和网络技术，建立起网络化的政府信息系统，并利用这个系统为政府机构、社会组织和公民提供方便、高效的政府服务和政务信息。美国在政府管理体制的变革上，为了适应互联网的普及和社会信息化的进程，2000 年就启动了电子政府建设，用 10 年的时间建成了"超级政府网站"(firstgov.gov)，在配套的法律、行政和技术规则制度下管理国家及社会事务。中国在 1999 年开始实施"政府上网"工程，目前中国政府已开展的电子化共同服务主要有：电子税务、电子采购、电子证件办理、电子邮件、信息咨询服务、电子认证、呼叫中心、应急联动服务等。电子政府的发展，促进了政府业务信息化、精简机构和简化办事程序，为公众、为社会提供优质高效服务，将极大地削减政府的运作成本，提高政府的工作效率和改进政府的工作效果。打造"网上超级政府"是当前生态文明建设的一个重要任务。

(2) 调整政府内部组织结构

建立扁平化的组织结构，即管理机构的层次设置减少，管理跨度增大，尽量精简机构数量和精减工作人员。建立决策的执行"面对面"的组织结构，以缓解目前政府组织层级多、官僚主义严重、应变机制僵化、对环境变化反映迟钝的局面。建立网络化、整合化的政府组织结构，即通过运用网络和电子化工具推进跨部门的平台整合，使得政府内部突破部门之间、地区之间的纵横限制，解决目前政府系统存在的大量"信息孤岛"实现资源共享，提高行政效率。建立弹性化的政府组织机构结构，即以"公共服务为导向的"，对环境具有开放性和适应性，并且具有充分回应性的组织，以解决政府系统对环境适应性差、办事互相推诿，互相制掣，严重影响行政效率的局面。

三、公民环境权利与公众参与

1. 公民环境权

从我国目前形势来看，在生态环境保护与治理进程中，政府始终处于绝对主导地位，多元主体参与治理的机制尚未形成。由于生态治理的复杂性和艰巨性以及单一主体的治理模式存在诸多限制性，导致政府治理成效大打折扣，政府治理成本增加。所以，在生态环境问题已经渗透到社会生活的各个领域的背景下，仅仅指望政府运用其掌握的公共资源，采用自上而下的行政手段，已经远远无法应对生态管理的挑战。政府应当确立基于利益相关的多元主体共同治理的理念，优化治理结构，追将市场主体、社会组织和公民纳入生态治理过程中来，实现生态治理资源的全方位整合，已经成为生态治理的必然选择。

1972年召开的联合国人类环境大会对环境权作出正式的国际承认，大会通过的《人类环境宣言》指出："人类有权在一种能够过尊严和福利的生活环境中，享有自由、平等和充足的自省条件的基本权利，并且负有保护和改善这一代和将来的世世代代的环境的庄严责任。"环境权利是指特定的主体对环境资源所享有的法定权利，包括公民环境权、法人环境权、国家环境权、人类环境权。

公民环境权可以理解为公民的基本权利之一，就是公民有良好的生存环境的权利，是指公民享有适宜健康和良好生活环境的权利，包括日照权、通风权、安宁权、清洁空气权、清洁水权、观赏权、风景权、宁静权、眺望权等。政府官员应该尊重公民的环境权，这比GDP增加一两个百分点重要。公民环境权是环境权的基础，是环境保护的立法之本。公民环境权的设置使得公民能依法行使参与环境管理的权利，推进环境管理工作深入、有效开展，才能使公民在环境方面的权利和义务得以保障，调动公民保护环境、防止污染的积极性，是公民行使监督、检举、控告和起诉权利的法律依据，有利于积极发挥司法手段，保护和改善环境，惩罚污染、破坏环境的肇事行为。

2. 公众参与

首先，应当充分发挥民间组织发育相对成熟、民间组织自主性较强的优势，深化社会管理体制改革，为民间组织发挥自身在推进转型升级和生态文明建设上的独特作用提供广阔的空间。一方面，要在积极培育行业协会、商会等民间组织的基础上，通过行政授权、财政补贴等方式，让民间组织扮演沟通政府与企业、政府与公民的中介角色，有效发挥民间组织在引导、推动、服务企业转型升级方面的积极作用；另一方面，要鼓励民间公益性组织发挥组织公民参与生态治理、环境保护的作用，借助于民间组织的社会组织功能，引导全社会形成低碳环保的生活方式，激发全社会共同参与生态文明建设的活力。

其次，应当充分调动每一位公民对环保事业的参与。生态文明意味着人类整个生存方式的革命性变革，需要全民在共同参与的生活实践中，逐步告别和摆脱物质主义和商业主义的生活习惯，塑造形成绿色、环保、低碳的生活方式。

再次，构筑公众参与的制度保障。要提供公众参与环保事业的较为完备的法律保障；建立政府环境信息披露制度是公众参与环境事务的前提，政府环境信息披露的内容包括政府机构为履行法律规定的环境保护职责而取得、保存、利用、处理的需要为公众所知悉与环境有关的信息。要从本地出发，设置简便、规范、可操作的参与程序和规则，让公众参与环境事务成为制度化的政务环节。

第三节 完善的法律体系的建立

要使生态文明建设的稳步推进，必须从制度上予以保障，要建立完善的以国家意志出现的、以国家强制力来保证实施的法律规范，同时实现法律体系的生态转型。

一、我国环境法律体系的现状

健全完整的法律体系是生态文明建设的法制保障，也是衡量一个国家生态文明发展程度的重要标志。以环境法律法规和环境制度为例，中国的环境保护法表现形式按其立法主体、法律效力不同，可分为宪法、环境法律、环境行政法规、地方性环境法规、环境规章、环境标准，还包括经中国批准生效的有关国际环境与资源保护公约。到2006年，我国已经制定9部以防治环境污染为主的环境保护法律，13部以自然资源合理利用和管理为主要内容的自然资源法律，10部以自然保护、防止生态破坏和防治自然灾害为主要内容的法律，30部与环境资源法相关的法律，还有大量的环境资源行政法规、地方法规、部委行政规章和地方行政规章，仅地方性环境保护法规和地方政府规章就有1600余件。[①]截至“十一五”末，我国累计发布环境保护标准1494项。

1. 宪法

宪法是中国的基本大法，是立法的基础，是指导性、原则性法律规范。国内一切法律法规，包括环境保护法，都是在宪法的原则指导下制定的，并不得以任何形式与宪法相违背。中国宪法在环境与资源保护方面，规定了国家的基本权利、义务和方针。《宪法》第九条规定：“国家保障自然资源的合理利用，保护珍贵的动物和植物，禁止任何组织或者个人用任何手段侵占或者破坏自然资源。”第十条规定：“一切使用土地的组织和个人必须合理地利用土地。”第二十六条规定：“国家保护和改善生活环境和生态环境，防治污染和其他公害。国家鼓励植树造林，保护林木。”

2. 环境保护法律

环境保护法律是指全国人民代表大会常务委员会制定颁布的规范性文件，可分基本法和单行法两类。

(1)《中华人民共和国环境保护法》

《中华人民共和国环境保护法》是中国环境保护的基本法。该法确定了经济建设、社会发展与环境保护协调发展的基本方针，各级政府、一切单位和个人

① 蔡守秋：《完善我国环境法律体系的战略构想》，《广东社会科学》，2008年第2期，第184～189页。

有保护环境的权利和义务。环境保护基本法是制定环境保护单行法的基本依据。

(2) 环境保护单行法

环境保护单行法是针对特定的环境与资源保护对象和特定的污染防治对象，调整各自专门的环境社会关系而制定的规范性文件。单行法名目多、内容广，可归纳为"污染防治"和"环境与资源保护"两个主要方面。

①污染防治法。污染防治这类法律一般按环境要素分类，如《中华人民共和国水污染防治法》、《中华人民共和国大气污染防治法》、《中华人民共和国固体废物污染环境防治法》、《中华人民共和国环境噪声污染防治法》、《中华人民共和国放射性污染防治法》、《中华人民共和国清洁生产促进法》、《中华人民共和国环境影响评价法》、《中华人民共和国循环经济促进法》等。

②环境与资源保护法。环境与资源保护方面的法律中，包含了合理开发利用、保护和改善环境和自然资源的内容，如《中华人民共和国海洋环境保护法》、《中华人民共和国森林法》、《中华人民共和国草原法》、《中华人民共和国渔业法》、《中华人民共和国矿产资源法》、《中华人民共和国土地管理法》、《中华人民共和国水法》、《中华人民共和国野生动物保护法》、《中华人民共和国水土保持法》等有关法律。

(3) 其他法律中的环境保护条款

在中国其他法律中也包含了许多关于环境保护的法律规定。如在《中华人民共和国刑法》第六章"妨害社会管理秩序罪"中第六节"破坏环境资源保护罪"中规定，凡违反国家有关环境保护的规定，应负有相应的刑事责任。还有其他法规如《中华人民共和国乡镇企业法》、《中华人民共和国文物保护法》、《中华人民共和国消防法》等也与环境保护工作密切相关。

(4) 环境保护国际公约

国际环境与资源保护公约是国际法的一个分支，所调整的是国家间在全球性或区域性环境保护领域中行为关系，包括有关保护环境的国际条约、协定、规章、制度、宣言及原则等。中国已加入的国际环境保护公约主要有：保护大气和外层空间的《保护臭氧层维也纳公约》、《气候变化框架公约》，保护海洋及其生物资源的《防止海上油污染国际公约》、《油污损害民事责任国际公约》，动

植物自然保护的《生物多样性公约》、《国际植物保护公约》、《面临灭绝危险的野生动植物国际贸易公约》等。

3. 环境保护行政法规

国务院发布的国家环境保护行政法规包括为贯彻环境保护法律而发布的相关实施细则、条例、命令和办法等。如为贯彻海洋环境保护法而制定的《中华人民共和国防止船舶污染海域管理条例》、《中华人民共和国海洋石油勘探开发环境保护管理条例》、《中华人民共和国海洋倾废管理条例》、《防止拆船污染环境管理条例》、《中华人民共和国防止陆源污染物损害海洋环境管理条例》、《中华人民共和国防止海岸工程建设项目污染损害海洋环境管理条例》；为贯彻水污染防治法而发布的《中华人民共和国水污染防治法实施细则》、《淮河流域水污染防治暂行条例》等。

4. 环境保护地方性法规

由省人民代表大会或有立法权的城市人民代表大会制定的有关的环境保护法规，称为地方性环境法规。

5. 环境保护部门规章

环境规章包括：环境保护部颁布的环境保护行政规定、办法，如排污申报登记管理规定、防治尾矿污染环境管理规定、污水处理设施环境保护监督管理办法等；环境保护部与国务院各有关部委联合发布的环境保护行政规章和办法；国务院所属各部委制定和发布的与环境保护相关的行政决定、命令、条例实施细则等。

6. 环境标准

环境标准是具有法律性质的技术标准，是国家为了维护环境质量、实施污染控制，而按照法定程序制定的各种技术规范的总称。

我国的环境标准由五类三级组成。“五类”指五种类型的环境标准：环境质量标准、污染物排放标准、环境基础标准、环境监测方法标准及环境标准样品标准。“三级”指环境标准的三个级别：国家环境标准、环境保护部标准及地方环境标准。国家级环境标准和环境保护部级标准包括五类，由环境保护部负责制定、审批、颁布和废止。地方级环境标准只包括两类：环境质量标准和污染物排放标准。凡颁布地方污染物排放标准的地区，执行地方污染物排放标准，地方标准未作出规定的，仍执行国家标准。

二、法律体系的生态转型

法律体系要顺应生态文明建设的大趋势，符合生态文明理念的基本要求，实现生态文明意义上的转型。

1. 生态转型要遵循的原则

(1) 符合正确处理人与自然关系的要求

法律生态转型应牢牢把握并深刻体现党的十八大提出的“树立尊重自然、顺应自然、保护自然的生态文明理念”，全社会必须深化理解并自觉遵守“人是主体，自然也是主体；人有价值，自然也有价值；人有主动性，自然也有主动性；包括人在内的所有生命都依靠自然”的基本态度、核心观念与核心内容，在日常环境行为中自觉践行人与自然和谐相处理念，环境法律法规的制定、创新、执行才能获得广泛的社会认同与持续的社会效应，并最终实现人与人之间的代内公平、代际公平、区域公平和人与自然之间的种际公平。

(2) 符合正确处理人与人之间的关系的要求

法律体系的生态转型要正确处理因人与人之间的关系所引触的各种问题。当前，纵观全球，由不合理的生产关系所造成的对资源的占有和污染的转移，尤其是建立在资本原始积累基础上的国际经济旧秩序使得发达国家利用发展中国家的资源和输出污染，造成发展中国家严重的生态灾难和环境污染，而这种污染通过全球性循环反过来又影响发达国家的生态环境的现象，日益凸显。这一问题只有通过重建全球生态文化，寻求全球共同生态利益认同，并通过法律

生态化调整以期塑造全球生态公平，达到发展生态化的生产力与生产关系，建立与可持续发展相适应的社会体制。

(3) 符合正确处理自然界生物之间的关系的要求

自然界生物之间的动态平衡的关系对人类生存和发展具有重要的意义。要使人类社会可持续发展，就必须使法律体系的生态化朝着维护自然界生物之间的动态平衡关系迈进，从法律视角为生物多样化及各特种的繁衍生息提供法律保障。

(4) 符合正确处理人与人工自然物之间的关系的要求

现代科学技术大发展给人类创造了各种各样的人工自然物，人工自然物反过来极大地影响人类的生产和生活，为了使现代科学技术朝着造福人类的方向发展，法律体系生态化将通过制定与此相关的法律法规，在人类研制、利用人工自然物过程中起到扬长避短的作用。

2. 法律体系的的生态转型要注意的问题

结合生态文明的要求，法律体系的的生态转型须做到：第一，在法律规范内容上应突出整体性、系统性。如在环境法制问题上，要摒弃“边污染边治理，边治理边破坏”的传统理念，以环境承载力为基础性判断，把包括生态预警、生态治理保护、生态监测的链条纳入环境立法规划和执法程序。第二，法律所规范的对象应该是包括一切个人、经济组织、社会组织、政府组织在内的有关的人类行为。在环境保护领域，当前由于环境问题所呈现的全国性、区域性、全球性，环境责任追究已超出了传统所认为的个人与企业的范围，而更多的关注评判各国政府环境决策行为、立法行为、执行行为、监督行为。可以说，不从政府决策、执行、监督本身采取措施，就很难实现对环境的有效保护。与之相应的是，环境保护职责也应打破机关与部门的界限，成为所有国家机关共同担当的职责，更加强调所有国家行政机关在环境保护中的协调配合。第三，法律的生态转型要取得全社会的认同，就需要一切社会主体的广泛参与，要最大限度地为各种社会主体的参与提供便利，提供多样化的参与的渠道、参与形式，拓展参与的范围，提高参与的有效性。

第四节　全球环境与生态合作机制的建立

环境问题的全球化、政治化和经济化决定了解决环境问题的复杂性、长期性和艰巨性。20 世纪 80 年代以后，人们开始认识到环境问题与人类生存休戚相关，环境问题的解决只靠一国的努力难以奏效，必须全球互动并进行国际合作，共同来保护和改善环境，共同采取处理和解决环境问题的各种措施和活动。

一、环境问题的全球化、政治化、经济化

1. 环境问题的全球化

随着全球经济的一体化，生态安全也跨出国界，一国的生态灾难有可能危及邻国的生态安全。如国际性河流，上游国家的截流、溃决和污染物排放，都有可能危及下游国家的安全。近年来，越境环境污染的情况日益增多。有资料显示，美国输送到加拿大的二氧化硫为加拿大本身人为排放量的4～5倍，加拿大有 50% 的酸雨来自美国。英国、德国和俄罗斯排放的二氧化硫有一部分降落到瑞典和芬兰。当前环境污染已经由区域性的问题逐渐发展为全球性的环境污染与破坏。这种环境污染与破坏不仅降低了大气、水、土地等环境因素的质量，直接影响到人类的健康、安全与生存，而且造成资源、能源的浪费、枯竭与退化，影响到各国经济的发展。环境污染与破坏所造成的危害，具有流动性、广泛性、持续性与综合性的特点，从而发生全球性的相互联系，以致各国都要承受污染危害，并导致全球共有财产的环境破坏，威胁到全人类及人类赖以生存的整个地球生态系统。环境问题的全球性，在空间上表现为全球无处不在，在时间上表现为全球无时不在，在程度上表现为环境问题已不堪重负，在后果上已经影响到人类的可持续发展。

2. 环境问题的政治化

随着全球环境问题的加剧，环境问题的影响正渗入到国内政治、国家安全

领域，环境外交成为建立世界新秩序和构造未来国际格局的重要途径。在一些国家，特别是发达国家内部，工业增长的利益同保护生态环境之间的矛盾日益突出，这些国家保护环境的舆论压力日益增大，致使不少政党在竞选中也争相打出环保牌。在国家安全问题上，安全的保障越来越多地依赖环境资源，包括土壤、水源、森林、气候，以及构成一个国家的环境基础的所有主要成分。假如这些基础退化，国家的经济基础最终将衰退，其社会组织会锐变，政治结构也随之变得不稳定。这样的结果往往导致冲突，或是一个国家内部发生骚乱，或是引起与别国关系的紧张。在环境外交方面，20世纪后期，国际上出现了将环境问题与人权问题挂钩的倾向。一些发达国家出于不可告人的政治图谋，为继续推行其强权政治，对广大发展中国家的环境现状与保护措施无端指责和攻击。进入21世纪，环境问题引起的国际冲突将更加频繁。污染事件导致的环境纠纷，“环境移民”、“环境难民”引起的国际冲突，以及诸如中东的水源等资源的争夺等，使环境问题日益与政治、经济、社会问题交织，增加了解决问题的难度。当前，美国想利用环境问题中“碳关税”树立美国新的经济霸权。

3．环境问题的经济化

传统的发展观认为，地球蕴藏的资源是无限的，无论怎样开发，都是取之不尽、用之不竭的。随着工业经济的发展，生态破坏和污染问题也在不断加剧，工业文明的高速发展造成的环境污染日益加剧也是20世纪的一个重要特点，经济发展所带来的负面效应在区域和全球两个层次上，造成了一系列的生态和环境问题。在全球经济一体化的背景下，许多发达国家企业的跨国公司把能耗高、污染重的企业转移到发展中国家，或者通过“合法贸易”向发展中国家出售在本国被法律所禁止销售的有毒产品；而发展中国家却受限于技术、经济水平低下，只能作为主要的资源输出国与初级生产品输出国，并要承担资源消耗与环境破坏的主要后果。在这种不平等的经济交往中，更加剧了环境危机，特别是广大发展中国家，陷于贫困和环境破坏的恶性循环。生态环境更是经济社会发展繁荣的重要前提，决定着地区经济发展的难易程度。

二、国际环境合作

国际环境合作是生态文明建设的国际层面，需要构建国际合作的新平台，倡导国际合作与全球伙伴关系。

1. 斯德哥尔摩联合国人类环境会议

1972年斯德哥尔摩联合国人类环境会议，把环境问题摆在了人类面前，首开国际社会共同重视环境问题的先河，使各国政府的议事日程中有了环境问题并达成了全球性的共识，是世界环境保护史上的里程碑。

斯德哥尔摩联合国人类环境会议提供的一份非正式报告《只有一个地球》，报告始终将环境与发展联系起来，特别指出“贫穷是一切污染中最坏的污染”；同时，大会通过的《人类环境宣言》（以下简称《宣言》），《宣言》为保护和改善人类环境所规定的基本原则，为世界各国所采纳，成为世界各国制定环境法的重要根据和国际环境法的重要指导方针。

人类环境会议将环境问题摆在了人类的面前，唤醒了世人的警觉，引起了世界各国的广泛共识，开始把环境问题摆上了各国政府的议事日程，并与人口、经济和社会发展联系起来，统一审视，寻求一条健康协调的发展之路。但是，这次会议除发表了一些政治性概念之外，没有什么具体措施，没有能找出问题的根源和责任，更谈不上有效地解决问题，因此当时影响不大。

2.《我们共同的未来》

《我们共同的未来》是1987年联合国委托以布伦特兰夫人为主席的世界环境与发展委员会提交的著名报告。报告以“可持续发展”为基本纲领，从保护和发展环境资源、满足当代和后代的需要出发，提出了一系列政策目标和行动建议。

报告把环境与发展这两个紧密相联的问题作为一个整体加以考虑，指出人类社会的可持续发展只能以生态环境和自然资源的持久、稳定的支承能力为基础，而环境问题也只有在经济的可持续发展中才能够得到解决。因此，只有正

确处理眼前利益与长远利益、局部利益与整体利益的关系，掌握经济发展与环境保护的关系，才能使这一涉及国计民生和社会长远发展的重大问题得到满意解决。世界各国政府和人民必须从现在起对经济发展和环境保护这两个重大问题负起自己的历史责任，制定正确的政策并付诸实施，错误的政策和漫不经心都会对人类的生存造成威胁。

《我们共同的未来》阐述的指导思想对世界各国的经济发展与环境保护的政策制定产生了积极、巨大的影响。

3．里约热内卢联合国环境与发展大会

1992在巴西里约热内卢召开了联合国环境与发展大会，全球共同商讨环境与发展战略。

大会通过了《关于环境与发展的里约宣言》（又称《地球宪章》，规定国际环境与发展的27项基本原则）、《21世纪行动议程》（确定21世纪39项战略计划）等重要文件；各国政府代表签署了联合国《气候变化框架公约》、《生物多样性公约》。大会还提出了人类“可持续发展”的新战略和新观念。

这次大会是联合国成立以来规模最大、级别最高、人数最多、筹备时间最长、影响深远的一次国际会议，是人类环境与发展史上的一次盛会。这次联合国大会及通过的各项文件反映了关于环境与发展领域合作的全球共识和最高级别的政治承诺，体现了当今人类社会可持续发展的新思想。联合国环发大会是人类转变传统发展模式和生活方式，走可持续发展之路的一个里程碑。为了实施《21世纪行动议程》，联合国大会又于1992年10月30日由加利秘书长提议成立了专门的“联合国可持续发展委员会”。

4．《京都议定书》

为了应对全球气候变暖，1997年《联合国气候变化框架公约》缔约方第三次会议在日本京都召开。会议通过了旨在限制发达国家温室气体排放量以抑制全球变暖的《京都议定书》。

2005年2月16日，《京都议定书》正式生效，首开人类历史上在全球范围内以法规的形式限制温室气体排放的先河，“这是全世界迎战一个真正的全球性挑战的、具有历史意义的一步”、“所有国家从现在开始，都要尽最大的努力去迎接气候变化的挑战，不要让气候拖住我们的后腿，使我们无法实现千年发展目标”。

国际排放贸易机制、联合履行机制和清洁发展机制成为《京都议定书》建立的旨在减排温室气体的3个灵活合作机制。清洁发展机制规定了允许工业化国家的投资者从其在发展中国家实施的并有利于发展中国家可持续发展的减排项目中获取“经证明的减少排放量”。

5. 约翰内斯堡联合国可持续发展世界首脑会议

2002年联合国可持续发展世界首脑会议在南非约翰内斯堡举行。

会议的主要议题是“消除贫困和保护环境”，涉及政治、经济、环境与社会发展等各个方面，大会全面审议了1992年环境与发展大会通过的《关于环境与发展的里约宣言》、《21世纪行动议程》和主要环境公约的执行情况，并就未来进一步履行《21世纪行动议程》的行动计划和首脑宣言进行分主题、分级别的磋商和谈判。大会还通过了《执行计划》和《约翰内斯堡可持续发展声明》。《执行计划》和《约翰内斯堡可持续发展声明》是全球未来10～20年环境与发展进程走向的指南。

6.《巴厘岛路线图》

2007年联合国气候变化大会在印度尼西亚的巴厘岛举行。会议着重讨论2012年后人类应对气候变化的措施安排等问题，特别是发达国家应进一步承担的温室气体减排指标，通过了《巴厘岛路线图》。

《巴厘岛路线图》是人类应对气候变化历史中的一座新里程碑，它确定了加强落实《联合国气候变化框架公约》的领域。

巴厘岛会议后的2008年末，被称为后京都气候协议谈判中点的波兹南气候谈判曾被大家寄以厚望，但全球经济危机使各国政府无心应对，致使谈判成果寥寥。

7. 哥本哈根世界气候大会

2009年12月《联合国气候变化框架公约》第15次缔约方大会暨《京都议定书》第5次缔约方会议在丹麦首都哥本哈根召开。

会议达成了一份不具有法律约束力的协议，坚持了《联合国气候变化框架公约》、《京都议定书》和《巴厘岛路线图》，明确了下一步谈判的原则和方向，维护了《巴厘岛路线图》双轨谈判机制。

尽管《哥本哈根协议》不具有法律约束力，但在全球金融危机依然严峻的形势下各国仍达成一个共识，特别是发展中国家的影响力的上升，使得会议成为全球走向生态经济发展道路的重要转折点。

8. 里约热内卢全球可持续发展峰会

2012在巴西里约热内卢举行了全球可持续发展峰会，是这个时代关于可持续发展的最重要全球会议之一。

会议通过了最终成果文件《我们憧憬的未来》。“里约”峰会主要围绕可持续发展和消除贫困背景下的绿色经济与可持续发展的体制框架两大主题，重申各国对实现可持续发展的政治承诺、评估迄今为止在实现可持续发展主要峰会成果方面取得的进展和实施中存在的差距、应对新的挑战3个目标，包括就业、能源、城市、粮食、水、海洋和减灾七大重要领域进行。

“里约+20”峰会体现了国际社会的合作精神，展示了未来可持续发展的前景，为制定2015年后全球可持续发展议程提供了重要指导，对确立全球可持续发展方向具有重要的指导意义。但由于目前全球的集团利益之上，没有地球整体观，反对普世价值，各国不愿意为地球为全人类的未来福祉达成统一目标、统一行动，因此，里约峰会的成就有待观察。

9. 联合国气候大会多哈会议

2012年底在多哈举行了联合国气候大会，会议决定将《京都议定书》承诺期延长到2020年12月31日，并确定了在2015年前达成新的全球气候协议。同时，启动了一项解决气候变化带来的损失和损害的国际进程，这成为17年来气候谈判中的一个重要转折点。

但是，俄罗斯、日本和加拿大在多哈会议上退出了《京都议定书》，大会也没有在“绿色气候基金”的注资问题上取得实质性进展。

10．国际组织对环境问题的关注和对人类未来发展模式的探索

早在20世纪中叶，一些有识之士就组建了国际组织开始关注环境和生态问题。世界上最早成立的环境组织是“世界自然保护同盟”，成立于1948年，它是世界上唯一的由国家、政府和非政府组织平等参加的国际环境组织；1961年成立的“世界自然基金会”，是世界最大的、经验最丰富的独立性非政府环境保护机构。

20世纪70年代以后，以联合国为代表的国际组织以及相关的民间组织采取了一系列行动，促使人类对日益严重的环境和生态问题加深认识。在斯德哥尔摩联合国人类环境会议后，1972年12月，第27届联合国大会决定成立“联合国环境规划署”、“环境规划理事会”和“环境基金会”，极大地促进了环境领域的国际合作。

1971年，当今世界最活跃、影响最大、最激进的国际性生态环境保护组织“绿色和平组织”成立。

生态环境问题日益突出并呈全球化发展趋势，越来越引起国际社会的极大关注。在这种背景下，不少国家的绿党逐步进入政坛，成为影响政府决策的重要力量。世界各国各地的非政府组织（NGO）也大量涌现，其数目远远超出政府间组织，目前世界上约有3万个NGO。中国的NGO近3000家。NGO的许多建议有很强的现实针对性，产生了强烈的反响，其作用随着环境保护和生态建设事业的发展也越来越重要。

面对工业文明的快速推进，科学技术发展、生产力增长和自然资源限制已经出现了难以调和的矛盾。1968年成立的罗马俱乐部首先提出全球问题研究全球学，其宗旨是研究未来的科学技术革命对人类发展的影响，阐明人类面临的主要困难以引起政策制定者和舆论的注意。罗马俱乐部的研究使人们改变惯常的思维方式，用发展的概念取代了增长的概念，用动态平衡的客观规律取代了

单纯增长性的原则。罗马俱乐部提出了全球问题，前身是罗马俱乐部的布达佩斯俱乐部就是要寻找解决全球问题的途径。布达佩斯俱乐部宗旨是发展行星意识、促进人类的精神和文化进化、保护地球生态环境以避免发生全球性的生态灾难。现在的环境保护、生态保护、绿色和平组织等都是在其启发、警醒下开展起来。20世纪末21世纪初成立的生态文明北京俱乐部，是以北京生态文明工程研究院为主体的一个从人类发展的战略高度思考人类未来发展模式的团体，集产学研为一体，致力于生态文明理念的推广和生态文明建设的实践，其宗旨是：对全球经济发展、生态保护、文化传承、社会进步的系统研究，反思工业文明所带来的人口、环境与发展的矛盾，应该确立一种新的生存意识与发展意识的文明观念——生态文明观，构建人类未来发展的全新模式。

在国际环境合作中，如“77国集团加中国”的合作方式和亚欧环境部长会议便是其中的范例。“77国集团加中国”的合作形式，正式形成于环发大会，对加强发展中国家内部的协商和团结，维护发展中国家利益，促进南北对话，发挥了积极作用。2002年1月在北京举行了亚欧环境部长第一次会议。这次会议加强了亚欧环境合作中的伙伴关系，有利于促进解决全球和区域性环境问题，并为各伙伴国开展环境合作提供了一个平台。会议的主要议题包括：促进亚欧环境合作伙伴关系；能源与环境、气候变化、生态保护、荒漠化防治和森林保护等国际问题；今后亚欧环境对话可选方式。这标志着亚欧环境合作进入了一个新的里程。

11．国际环境法律体系的完善

国际环境法作为调整国际自然环境保护中的国家间相互关系的法律规范，是国际社会经济发展与人类环境问题发展的产物。

(1) 条约

国际条约规定了国家或其他国际环境法主体之间在保护、改善和合理利用环境资源问题上的权利和义务，是国际环境法规范的最基本和最主要的渊源。现在已经签订了大量保护和合理利用自然环境的国际条约，包括国家间的双边条约、多边条约，国际组织之间以及这些组织之间的条约。国际环境合作公约化、法律化是国际环境合作的必然趋势，解决全球环境问题，最常见的法律手段就是签订国际环境条约。现在，与环境和资源有关的国际环境条约有近200项，如《保护臭氧层维也纳公约》、《关于消耗臭氧层物质的蒙特利尔议定书》、《联合国气候变化框架公约》、《京都议定书》、《联合国海洋法公约》、《防止倾倒废物及其他物质污染海洋公约》、《国际防止船舶造成污染公约及其议定书》、《生物多样性公约》、《卡塔赫纳生物安全议定书》、《核安全公约》、《关于持久性有机污染物的斯德哥尔摩公约》、《控制危险废物越境转移及其处置巴塞尔公约》、《保护世界文化和自然遗产公约》、《联合国防止荒漠化公约》、《濒危野生动植物物种国际贸易公约》、《关于特别是作为水禽栖息地的国际重要湿地公约》等。

(2) 国际惯例

已经签订的保护国际环境的国际条约中，有些原则是作为国际惯例发生作用的，它也是国际环境法规范的一个渊源。有关环境保护的国际会议及国际组织的宣言决议对制定新的国际环境法规范，对确认、固定、发展和解释现有的国际环境法规范，作用也十分显著。相关大会通过的宣言、决议对各国都有极强的约束作用。各种国际组织就自然环境某些部分的保护而通过的许多具体纲领和决议，也被认为是自然资源保护方面的国际环境法的基础。如《人类环境宣言》、《关于环境与发展的里约宣言》、《21世纪行动议程》、《约翰内斯堡可持续发展声明》、《可持续发展问题世界首脑会议执行计划》等。

三、构建生态治理的全球一体化结构

1. 消除全球异地污染的经济一体化

生产力发展到当今时代，发达国家已经从对发展中国家的商品输出转变为资本输出。一般而言，资本总是流向有利润的地方，而发展中国家往往有着巨大的市场潜力，从而吸引着发达国家的资本注入。同时，一些公司出于减小国际金融风险、获取较廉价的劳动力等考虑，也纷纷将一些劳动密集型产业转移到发展中国家。值得强调的是，一些国家还出于生态环境因素考虑，为了减少

自己的环境风险而有意识地鼓励一些企业将高环境成本的产业转移出去。这样，一些发达国家在享受经济发展红利的同时，却将环境风险强加给发展中国家，造成了异地污染状况。为了消解这一状况，发达国家应树立全球意识，在为全球经济作出贡献的同时勇担生态责任，利用自己的资金技术优势，将环境风险降到最低限度，而不是通过产业布局的方式转嫁出去。同时，发展中国家也应树立生态忧患意识，在吸引投资时不能只从经济角度考虑，还应考虑环境因素，最大程度地杜绝环境污染的全球扩散。中国作为第一大发展中国家，迅速发展的经济所提供的巨大利润空间吸引着巨大的国际资本流入，已经成了名副其实的世界工厂，一些高污染产业乘势而入，从而造成了巨大的环境压力。因而，中国要奋力抵制世界污染全球化趋势，从而为生态治理的全球一体化结构构建作出贡献。

2. 发展跨国界的非政府性生态组织

在生态文化全球一体化进程中，跨国界的非政府性生态组织发挥着不可或缺的重大作用。为了促进生态文化全球一体化，这些组织应在争取政府支持进一步发展的同时，积极宣传自己的生态理念，极力扩大自己的影响力，争取更多的民众的支持与参与。各国政府都要在政策、场地甚至资金等方面加大支持力度，在进一步促进现有的国际环保组织发展的同时，发动动员更多的民众组建更多的生态环保组织。

3. 形成生态治理的全球一体化结构

在生态维护与环境保护问题上，世界各国要形成全球性生态共识，改变推脱生态责任的做法，打破各自为政的治理格局，着力于打造一个具有全球生态管理与实践能力的地球政府。这样的地球政府的打造可以通过对联合国的改造而实现。不可否认，当前的联合国不过是大国主宰、富国提供经费的皮肉分离的一件世界“披风”，虽然不能从根本上保证世界的冷暖，但它毕竟是当今世界上影响力最为深远的国际组织，它的作用对世界的正常运转而言仍是不可或缺的。因而，生态治理的全球一体化结构建构可以以其为依托，强化其在全球生态问题上的职责与权力，通过决策共议、经费公担的方式，将其改造为一个至少在生态问题上名副其实的世界政府。当然，就目前而言，尽管世界政治格局以及区域壁垒在经济一体化大潮的冲击下已千疮百孔，但冷战思维以及意识形态对立的顽固残存使其不可能在短时间内完全被打破，从而使得对联合国的实质性改造不可能完全实现。因而，更为实际而有效的方法也许是通过各国共同协商，在生态问题上组建一个新的专门机构，负责全球生态问题。

随着生产力发展推动下的世界历史的发展，通过世界各国的共同努力，区域必将被打破、国家终将消亡，进而形成生态文明的全球政治新体制，一切服从于生态，一切服从于地球，人类将从工业文明的必然王国走向生态文明的自由王国，全球一体化的生态文化最终实现。

第六章　生态文明的文化建设

生态文明的文化建设是在超越传统工业文明观的基础上，使人类在经济、科技、法律、伦理以及政治等领域建立起一种追求人与自然以及人与人之间和谐的对环境友好的价值观和道德观，并以生态规律来改革人类的生产和生活方式。致力于人与自然、人与人的和谐关系与和谐发展的文化，才是有利于促进经济、社会和环境保护协调发展的文化，它是人类思想观念领域的深刻变革，是在更高层次上对自然法则的尊重与回归。在社会发展到经济生活空前繁荣、科学技术高度发达的今天，必须加强传统文化的保护，建立新的文化体系，通过生态文明观的艺术创作，建立新型的公共文化服务体系，发展生态文化产业，发展现代文化科技，全面建设和谐社会。

第一节　传统生态文化的承继和发展

文化作为人类意识的结晶，无疑具有历史继承性。事实上，当今的生态文化正是在批判地继承传统生态文化的基础上创立的。中国古代有着极其深厚的生态文化积淀，为我们创建生态文化、建设生态文明提供了丰富的精神资源。这就要求我们，在创建生态文化进而建设生态文明的过程中，应积极响应党的十八大中提出的“建设优秀传统文化传承体系，弘扬中华优秀传统文化”。道家、佛家以及儒家文化中的朴素的生态文明理念为我们创建生态文化提供了得天独厚的文化条件，是我们加强生态文明的文化建设不可或缺的思想资源。

一、对道家“道法自然”生态观的承继

在中国传统文化中，最具生态意蕴的当属道家文化，其关于人与自然关系的思想，集中表述于“人法地，地法天，天法道，道法自然”(《老子 · 第二十五章》)一句中。其中“人”、“地”、“天”、“道”构成位格依次升高的四“大”——“道大、天大、地大，人亦大”。“道”作为四“大”之首，是整个道家思想的核心范畴，意指不可名、不可说的终极实在，是先于万物——人、地、天——而生，并对其予以创造的始源与根据，此所谓“物得以生谓之道”(《庄子 · 天地》。“自然”并非与社会相对意义上的自然，而是指事物自生自发的本来状态。“道法自然”构成道家所崇奉的中心理念和最高法则，是其思想体系的核心。

不难看出，在人与自然的关系上，道家借由“人法地”而主张人应顺应自然。这里的“地”近似于当今语境中人赖以生存的“自然”之意。因而，所谓“人法地”就是指的人应尊重自然，以自然为法则，不能出于自己的需要而随意违反自然的本性，强行干预外部世界。这是因为，在道家的哲学思想中，天地万物并非作为与人相对立的对象性客观实在，而是与人同亲共祖——“道”——的一体之命，天地万物共同构成了人的当下生命存在，是人类的栖息居之所。因而，如果人类按照自己的意志去改变万物的自然状态，就会给万物造成损失和破坏，从而有违于“人之道”。

在这里值得强调的是，道家主张人顺应自然绝不是要求人们消极地不行动，而是要求不妄为，做到“无为”，即所谓“为而不恃”(《老子 · 第二章》)，“为而不争”(《老子 · 第八十一章》)，按照天地万物的自然本性——“道”——所采取的适应行为。在道家看来，人们只有以自然无为的态度去对待天地间的所有自然之物，才能使它们处于本然的圆满自足状态，才符合“道法自然”的根本要求。

尤为可贵的是，道家所希冀的是借由人的“无为”而实现这样一种状态：

“阴阳和静，鬼神不扰，四时得节，万物不伤，群生不夭”（《庄子·缮性》）。在庄子看来，这种状态之所以得以形成，“是故至人无为，大圣不作，观于天地之谓也”（《庄子·知北游》），“夫明白于天地之德者，此之谓大本大宗，与天和者也。所以均调天下，与人和者也”《庄子·天道》。在这里，所谓“均调天下，与人和”，就是要达到一种“物我合一”状态，一种庄子所推崇的物中有我、我中有物、物我合一的“物化”状态，一种“天地与我并生，而万物与我为一”的境界。[①]用我们当下的语言，就是指一种人与自然和谐的状态。

至此，我们不难发现，道家文化为我们进行生态文明建设提供了宝贵的思想资源。人类只有认识到大自然的“道”及其价值，才能在情感与理智上接近它，从而有效地限制人类对大自然的盲目征服和避免生态危机的发生。

二、对佛家“尊重生命”博爱意识的承继

就其本质而言，佛教不是生态学，但它所阐发的佛教生命观，却蕴含着丰富的生态思想，包含着丰富和深刻的生命伦理，有着独特的生态观。

禅宗认为，郁郁黄花无非般若，清清翠竹皆是法身，大自然的一草一木都是佛性的体现，都蕴含着无穷禅机；人与自然之间没有明显的界限，生命主体与自然环境是不可分割的一个有机整体。非仅如此，禅宗不仅主张一切众生皆有佛性，而且强调诸佛性都是平等的。“譬如雨水，不从无有，原是龙能兴致，令一切众生，一切草木，一切有情，悉皆蒙润，百川众流，却入大海，合为一体，众生般若之智，亦复如是。”[②]这种价值观是一种万物平等观，它从宇宙范围内把人类与自然联系起来，将人的价值看作是自然价值的一个有机的组成部分、一个平等的部分。这种价值观有助于帮助人类建立起一种新的尊重万物价值，并且与自然和谐相处的正确态度；有助于纠正人类为了实现自身利益而不断征服自然、索取自然的行为。佛教众生平等的价值观对于建立非人类中心主

① 任俊华：《论儒道佛生态伦理思想》，《湖南社会科学》，2008年第6期，第27～31页。

② 陈秋平：《金刚经·心经·坛经》，北京：中华书局，2007年，第240页。

义伦理学有重要意义。有鉴于此，西方著名的环境伦理学家罗尔斯顿在构建环境伦理学时，他将确立以生命为中心的价值观的“……希望转向东方，通过吸取禅宗尊重生命价值的思想来帮助人们建立一门环境伦理学。”[①]

根据佛教的“缘起说”，现象界的一切事物都不是孤立存在的，而是由种种条件和合而成的。一切事物之间都是互为条件、互相依存。整个世界就处于事物之间的重重关系网络当中，作为一个不可分割的整体而存在。其中，人与自然，如同一束芦苇，相互依持，方可耸立。因而人在与自然相处时，应放弃自己盲目的优越感，给予其应有的尊重。佛教关于人与自然关系的思想，对我们当今所进行的生态文明建设的意义主要在于，它“……可以提供一个精神基础，在此基础上，当今人们所面临的紧迫问题之一——环境的毁坏，可以有一个解决方法，……不仅让人克服与自然的疏离，而且让人与自然和谐相处又不失却其个性”[②]。可以看出，佛家的关于人与自然万物关系的理念主要表现在：第一，承认万物皆有佛性，都具有内在价值；第二，尊重生命，强调众生平等，反对任意伤害生命，认为“诸罪之中，杀罪最重，诸功德中，不杀尤要”。[③]佛教作为人类智慧的一个重要组成部分，其内含的精华，体现出极其重要的生态价值。

从佛教思想来看，虽然佛教的信仰并不能解决人类对生物的保护问题，但佛教的道德信条中所表现出来的对生命的尊重，对于我们进行生态文明建设却无疑是有价值的。

三、对儒家“仁民爱物”生态智慧的承继

就其实质而言，儒学是一个调整人与人关系的伦理学说。“仁”是孔子思想的核心，是儒学中最高的德。儒家进而将“仁者，爱人”发展到“仁民爱物”，由此将对人的关切由人及物，把人类的仁爱主张推行于自然界。对此，孔子提

① 佘正荣：《中国生态伦理传统的诠释与重建》，北京：人民出版社，2002年，第139页。

② 阿部正雄：《禅与西方思想》，王首泉，等译，上海：上海译文出版社，1989年，第247页。

③ 李培超：《自然的伦理尊严》，南昌：江西人民出版社，2001年，第234页。

出了“知者乐水，仁者乐山”（《论语 · 雍也》）的命题。这就是说，道德不仅是指“爱人”，而且意味着“爱物”。儒家对非人类以外的自然万物的爱，在伦理学上是从仁的人际道德向生态道德的扩展。

在孔子之后，荀子最先从理论上对儒家之“仁人爱物”的思想予以论证。这一论证表述在“三才”学说中。荀子的“三才”学说主张，世间存在着“天”、“地”、“人”三才，而“天有其时，地有其财，人有其治，夫是之谓能参”（《荀子 · 天论》）。这就是说，宇宙是由天、地、人三要素构成的，它们应分施不同的职能。正是这三种职能的匹配，才构成了宇宙整体的运行。[①]荀子同时认为，宇宙整体的运行是有规律的，“天行有常，不为尧存，不为桀亡”（《荀子 · 非相篇》）。因此，人应尊重自然，顺应自然规律，做到“不与天争职”（《荀子 · 天论》）。

荀子还认为：避免人类胡作非为、干扰天的职分，从而能更好地发挥人类本身的作用，去认识掌握自然规律。

董仲舒在荀子“三才”学说的基础上，进而发展出了“天人合一”理论。董仲舒说：“何为本？曰：天、地、人，万物之本也。天生之，地养之，人成之。三者相为手足，合以成体，不可一无也”（《春秋繁露 · 立元神》）。可见，天、地、人只有处于一种分工协作的和谐统一中，才能共同构成“万物之本”；而只有形成这种和谐、统一的关系，才是人类赖以生存和发展的理想境界。[②]

在如何实现人与自然和谐统一的问题上，儒家提倡适度索取的“中庸之道”。对此，孔子主张“钓而不纲，弋不射宿”，就是说不要大面积捕鱼，不射杀夜宿的鸟儿。孟子则阐明：“不违农时，谷物不可胜食也；数罟不入洿池，鱼鳖不可胜食也；斧斤以时入山林，林木不可胜用也”（《孟子 · 梁惠王上》）。通俗地讲，就是说如果严格农时劳作，粮食就会大丰收；不进行过分捕捞，鱼鳖就会源源不断；有节制地砍伐林木，林木就会用之不竭。在这里，儒家无疑是倡导合理地利用自然资源，所持有的无疑是“取物不尽物”、“取物以顺时”的生态伦理观。

① 张云飞：《中国儒道哲学的生态伦理学阐述》//徐嵩龄：《环境伦理学进展：评论与阐释》，北京：社会科学文献出版社，1999年，第113页。

② 鲁成波：《儒道生态理念与现代生态伦理构建》，《山东师范大学学报》（社会科学版），2008年第6期，第142～146页。

四、对其他文化体系优秀智慧的承继

季羡林把人类文化划分为四大体系：中国文化体系；印度文化体系；伊斯兰文化体系；希腊、罗马西方文化体系。当今世界基本上以西方文化体系为主流，由于生产力水平的差异，使西方文化凌驾于其他文化之上。吸收不同类型文化的丰富精神资源，对生态文明的文化建设有着重要的作用。

主要发端于“两希文明”的西方文化，由于受欧洲地势平坦、三面环海的环境限制，导致了与东方文化不同的文化特性，这种特性中的三大特征无疑值得东方文化借鉴学习。鲜明的开放性特征使得资源得到比较合理的配置，海洋经济得到较快的发展；契约中诞生的公民意识和民主精神，使“法律”面前人人平等的观念深入人心；空间和资源的有限性催生了科学精神和工具理性。这些特性无疑是人类文化的宝贵遗产。

形成于中世纪阿拉伯帝国的伊斯兰文化，吸收融汇了东西方古典文化，具有鲜明的特点。一是包容性，它兼收并蓄各种文化，通过加工改造赋予伊斯兰特色；二是继承性，它吸收和继承了注重经验描述的东方文化和注重逻辑推理的西方文化并使之有机结合；三是开创性，它根据发展的新情况和得到的新资料，在继承的基础上，进行大量的创新；四是实践性，它善于将其研究成果广泛运用于社会实践，促进了生产的发展。

印度文化的最大特点是注重来世，这种特性使得印度文化不会刻意追求当前利益的最大化，对保障当代人的发展和后代人可持续发展有着重要的意义。

五、对传统文化的扬弃——生态文明观构建人类未来发展模式

面对工业文明在全球的快速推进，人类若不及时制止破坏环境的行为，目前的工业文明必将危及整个人类文明，及早确立全球生态文明观摆脱人类的困境具有伦理意义。

1.正确处理人与自然的关系

人与自然（天然自然）的和谐是人类生存和发展基础。由于自然界提供了人类生存和发展所需的资源，人与自然的不和谐必将损害人类本身。生态危机自古有之，在农业文明时期，这种危机产生的生态环境的破坏虽然湮灭了历史上曾经辉煌一度的几大古代文明，但就其影响总体上说还是区域性和小时空的，因此即使提出人与自然的和谐的观点也引不起主流社会的足够重视。工业化运动以来，人类的生态意识还未作出适应性调整，区域性的生态灾难就已经酿成，进而发展为全球性的生态危机。只有重新定义生产力的内涵，重建生态意识，普及生态伦理，建立和谐的“自然—人—经济”复合系统，才能化解全球性的生态危机，实现经济社会的可持续发展。

2.正确处理人与人之间的关系

人类社会的生产关系构成和谐社会的一个重要内容。不合理的生产关系结构一方面会造成人类社会的本身的畸形发展，另一方面这种畸形效应会延伸到人与自然的关系以及相应的其他关系上。最典型的是工业化时代对资源的占有和污染的转移，由于不能正确处理人与人、国家与国家的关系，建立在资本原始积累基础上的国际经济旧秩序使得发达国家利用发展中国家的资源和输出污染，造成发展中国家严重的生态灾难和环境污染，这种污染通过全球性循环反过来又影响发达国家的环境。这也是生态文化被颠覆而危及人类自身在当代的一个重要表现。只有重建全球生态文化，才能给科学技术重新定向，才能发展生态化的生产力、生产关系，建立与可持续发展相适应的社会体制。

3.正确处理自然界生物之间的关系

自然界有数百万种植物、动物、微生物、各物种所拥有的基因和各种生物与环境相互作用所形成的生态系统。自然界生物之间的关系追求的是一种动态的平衡，就是这种动态的平衡产生的生物多样性对人类生存和发展具有重要的意义。如果人类忽视自然界生物之间的关系，他们间的动态平衡一旦被打破，人类能否延续下去就会成为人类社会面临的一个问题。

4.正确处理人与人工自然物之间的关系

人工自然物是人类利用自然材料制造的各种物品。工业文明带来了科学技术的大发展，反过来现代科学技术的成就把工业文明推向一个新的阶段，如何处理与科学技术及其产品的关系成为当代人类面临的重大课题，计算机和人工智能、网络和信息高速公路、现代生物技术、核能等发展与利用将对人类发展的产生巨大影响，如果人类不能正确地利用，那么这些现代科学技术会危害到人类本身。

全球生态文明观的基本框架由三部分构成：一是作为治国方略的生态文明观，当前主要是价值观的重建；二是区域生态文明观，当前主要是生态文明建设的开展；三是作为国际战略的生态文明观，当前主要是应对全球化、应对全球变暖等问题。

生态文明观是人类付出了沉重的代价后反思出的一种新的文明观，只有把政治经济学和可持续发展经济学结合起来，才是完整的经济学。科学技术是第一生产力，但只有以生态文明观为价值取向的科学技术才是健康的，才是保证人类的可持续发展的生产力。

第二节　区域文化的发展和生态文化的全球化

长期以来，由于区域的分割、交通的不便以及通信的落后等，人类形成了的不同生活和生态类型，进而形成了多样性的文化，这种文化一方面有其合理、优秀的成分，另一方面有不符合时代发展的不合理成分。这就要求我们在生态文明的文化建设过程中，弘扬并光大区域文化的先进内容，同时要打破区域分割，克服交通不便与通信落后等不利因素，突破边境界限，使区域文化适应并融入全球一元化的生态文化体系。

一、文化的区域化

然而到目前为止，文化仍是一种具有区域化分割的文化形态。造成这种状况的原因主要在于：

第一，不同地域的生产力发展不平衡。毋庸赘言，生产力首先表现为一种人们适应自然、改造自然的能力。因而，生产力水平高低直接影响着人们的生态实践以及在其基础上发展起来的生态文化。然而，人类社会的历史发展总表现为生产力不平衡发展的历史。就全球而言，世界各国的生产力发展水平差异很大。据统计，2011 年西方发达国家人均国民生产总值普遍超过 3 万美元，卢森堡更是达 108832 美元；而非洲国家普遍不超过 1000 美元，其中布隆迪与刚果（金）甚至还不足 200 美元。事实上，一个幅员较为辽阔的国家内部，生产力水平也会有着较大的差异。比如我国的东西部地区生产力发展平均水平存在着二三十年的差距。生产力水平发展水平差异如此之大，必然会创生出发展水平迥异的文化。

第二，不同地域的生态范型具有差异性。生态范型无疑是与自然生态环境密切相关的。某个民族在一定区域内居住、劳动和生活，同时也就创造了相应的文化。一般说来，文化的差异最初都是来自于对自然世界认识的差异，自然地理条件决定了各民族各地区文化发展的最初方向。以中国与欧洲的自然生态环境对文化的影响为例。三面高原一面海的相对闭塞的地域特点，为中国农业文明的发育提供了得天独厚的条件，并以此为基础形成了以小农经济为特征的经济形态。在与自然发生关系时，农业文明倾向于形成重视“天道”、讲究天人合一的精神、强调人的行为要符合自然的发展趋势的生态文化。而作为西方文化之活水源头的古希腊文化，则发源于地中海这一海洋环境，培养了西方民族原始的勇敢、刚毅、开放以及善于冒险的民族性格，更倾向于强调人与自然分裂与对立、强调人与自然的斗争，主张人依靠知识全面征服自然。区域化的东西方文化正是在迥异的生态范型的基础上而催生出的。

第三，不同地域的生活方式与文化传统各异。生态文化作为一种特殊的文化，无疑是在一定的生活方式与文化传统的基础上形成的。因而，不同的生活方式与文化传统会产生不同的文化。作为世界上两个典型的人文地域，中国与欧洲的差异尤为典型。就生活方式而言，中国人重视享受淳朴与悠闲，尤其是家庭生活的欢乐和社会各种关系的和睦，从而使得中国人对世俗生活呈现出温和、内倾的特点。当然，西方人也同样追求享乐，但他们的功利意识非常浓厚，人们努力追逐物质财富，改造和征服自然，从而刺激了西方人工作、获取和创造的积极性。就文化传统而言，中国文化体系强调伦理道德与秩序，注重人际关系，提倡"中庸"、"仁 "、"礼"等伦理说教，主张协调和宽容。与传统中国相反，西方文化对人的个性非常崇尚，追求个体的优先地位，具有强烈的个人主义色彩和明显的个性精神，喜欢标新立异和独树一帜，追求自我独立与自我发展。东西方有着如此迥异的生活方式与文化传统，势必会形成迥异的生态文化。改革开放后的中国，由于受到西方文化的冲击，传统文化的影响越来越小，西方文化中的许多糟粕被一些人当作先进文化来吸收，以致造成了很多社会问题，如何回归"和谐"，吸取西方文化的合理成分，是生态文明的文化建设的一项重大课题。

二、区域文化的提升与发展

在提升和发展优秀的区域文化过程中，我们应从优秀区域文化中汲取营养。区域文化有封建糟粕，与现代文明发生也会发生冲突，我们本着应以对先人、对历史高度负责的态度，抓紧进行系统的挖掘梳理，去其糟粕、存其精华，古为今用、洋为中用，结合新的时代特征，在传承基础上创新发展，辩证地"扬弃"。优秀的区域文化不仅是这个区域人民的宝贵财富，同时也是世界人民的宝贵财富。

尊重区域的传统文化，不是简单地回到从前，发展不是对传统的否定，而是对传统的尊重，是传统在发展基础上的不断延续。一种文化之所以经历数百年、数千年，根本的就在于它的发展属性，对各种文化不断地对话融合，通过注入现代新理念，丰富其内涵。

当前，在推动传统区域文化的创新发展上，首先，要高度重视非物质文化

遗产的挖掘整理工作。“非物质文化遗产”承载着一个国家、地区和民族的文化特征和生存方式，是一个国家和民族特定的文化标识和符号，是一个国家和民族精神的“DNA”，是一个国家和民族的永久记忆。重视非物质文化遗产的挖掘整理和开发，可沿续人类悠久的历史文脉。其次，要深化传统文化理论研究。要组织力量对优秀传统文化进行系统的挖掘和开发，形成一批标志性的研究成果，丰富文化的宝库。再次，要加强传统文化宣传普及，要让民众走进传统，了解传统，从而传承和弘扬光辉灿烂的优秀区域。

三、全球一体化是生态文化的内在特质

现代意义上的生态文化是人们给予自己与自然关系的深度思考，通过对传统文化生态观念的继承以及对人类生态学等相关科学研究成果的借鉴，所创生的一个文化形态。它以实现人、社会、自然相互之间和谐协调、共生共荣、共同发展的新型关系这一生态价值观为核心，以生态意识和生态思维为主体建构而成的一个全新的文化体系。它标志着人类价值观从人类中心主义向主张人与自然、人与人和谐共生、共同发展的“生态主义”的转变。

这种文化必须必将构造成“空间和时间”和谐统一的生态文明的新型文化。从空间上说，“和谐统一”就是要正确处理四大关系：一是在当代要正确处理人与自然的关系；二是在当代要正确处理人与人之间的关系，这是生态文明观中正确处理人与人之间关系的内涵之一；三是在当代要正确处理自然界生物之间的关系；四是在当代要正确处理人与人工自然物之间的关系。从时间上说，“和谐统一”就是要正确处理当代人与后代人之间的关系，这是生态文明观中正确处理人与人之间关系的内涵之二。

值得强调的是，鉴于地球作为人类家园的唯一性、地球生物的生克关联性、人类未来命运的共同性，生态文化在本质上应是一种全球一体化的文化。作为对人与自然关系的系统反思与观念表达，无论就人而言，还是就自然而论，生态文化都有着全球一体化的内在特质。

一方面，从人的视角看，与自然发生着关系的人并非是单个的人或个别的

群体，而是在与自然相对立意义上的作为一个整体的人类。之所以如此，是因为地球是生活于其上的所有人的共同的安身立命之所；在生态自然面前，人类之不同个体与群体有着同等的维护责任与义务，任何个人与群体概莫能外。同时，鉴于当前生态失衡与环境污染的险恶程度，人类只有同心协力、共求进退，才有望使其得以好转。这就是要求世界上的任何国家和地区，不论生产力水平发展程度如何，也不论资源与能源存储状况怎样，在与自然发生关系的生态实践中，都应不仅从自己的具体情况出发，而且还应将全球作为一个整体加以思考，将自己视为与人类的其他群体一样的生态实践主体以及生态利益与责任主体，并在生态实践过程中不仅维护自己的生态利益，而且还做到自觉地维护别的国家与地区的生态利益。可见，这种生态实践无疑是全球一体化的生态实践，而且基于这种生态实践所形成的生态文化无疑也是全球一体化的。在这个意义上，全球一体化无疑是生态文化的内在特质。

另一方面，从生态自然的视角看，整个地球是最大的一个自然生态系统，各个国家或地区的生态环境都是这一大生态系统的一部分，而且相互之间都密切关联、不可分割。其中各级生态系统中的生物都生克关联，无时无刻不与自然生态环境进行着物质与能量交换。这些物质与能量的交换与流动往往是跨人文地域的，其生命力不因政治区域的分割而阻断。因而，一个国家与地域要维持自己区域内的生态平衡，就不得不采取一个更为宽广的视角，将整个地球——至少是与自己切近的地区的生态环境——纳入考虑，从更高级的生态系统平衡维护做起。事实上，对地球上不同的国家与地域而言，各种生态因子更是难分彼此。以大气和水为例，全球公有一个大气层，鉴于空气的流动性，很难分清这里是美国的大气，那里是加拿大或墨西哥的大气。在某地造成的空气污染，不可避免地对周边乃至地球对面的国家或地区的空气质量造成影响。水也是如此。比如欧洲的多瑙河，发源于德国，自西向东流经奥地利、捷克、斯洛伐克、匈牙利、克罗地亚、塞尔维亚和黑山、保加利亚、罗马尼亚、乌克兰后，流入黑海。假如在德国境内发生了水污染，其下游国家不可避免地要遭受其害。即便是流入黑海后，也会对黑海沿岸国家造成一定影响。因而，要防治空气和水污染，单凭一个国家或地区的努力是远远不够的，需要全球范围内的

国家或地区的群防群治。这种生态实践必然要求有一个全球一体化的生态文化来引导。简而言之，从地球自然生态整体性的视角看，全球一体化是生态文化的内在要求。

第三节　生态文明的教育与科技事业的发展

文化作为一种人类精神文明成果，其传承与物质化无疑是借由一定的机制与媒介而实现的。一般而言，文化传承的首要机制就是文化，而其物质化的媒介则是科学技术。因而，要加强生态文化建设，就必须大力发展生态文明的教育与科技事业。

一、生态文明的教育事业的发展

党的十八大报告指出："教育是中华民族振兴和社会进步的基石"，因而要"努力办好人民满意的教育"。对我们正在进行生态文明建设而言尤为如此。要发展生态文明的教育事业，就必须在充分认识到当今教育事业发展的生态特征以及生态文明下发展教育事业的必要性的基础上，立足当前我国具体实际，探索切实可行的有效路径。

1. 教育事业发展的生态特征

一般而言，教育事业发展的生态特征主要在于以下几点：

第一，教育理念生态化。教育作为教书育人的主要机制，无疑是以为社会培养人才为宗旨的。然而，在不同的文明形态下，对人才的界定却各不相同。在工业文明下，人才主要是指有着较强的理性知识，从而怀有较强征服自然能力的人，因而其教育理念就是主要教授受教育者理性知识与能力。而在生态文明背景下，人才的标准则不仅有着较强理性知识与改造自然能力，而且具备较高道德，尤其是生态道德、素质和保护自然能力，因而生态文明的教育理念则主要在于借由对受教育者理性知识与道德素质的培育而为社会培养出改造自然能力与保护自然能力兼备的人才。

第二，教育内容生态化。在教育理念的引导下，生态文明的教育内容已不再限于一般意义上的理性知识，而且尤其涵盖关于人赖以生存的自然生态环境的唯一性及其承载力的有限性、地球上绝大部分自然资源的有限性和不可再生性、社会发展和自然保护的矛盾等自然生态知识，以及人、自然、社会之间能够并应该保持一种和谐发展、共生共荣的关系等生态协调和谐思想。就此而论，生态文明教育的关键与核心在于让人们了解支撑生命的基本系统、能源流、生命链之间的相互关系及其形成变化，以及掌握认识、利用、保护和美化生态环境的基本知识，从而使人与自然交往时自觉遵守道德原则与道德规范。[1]可见，生态文明教育有着鲜明的生态化特征。

第三，教育过程生态化。究其实质而言，教育与教学过程就是一个信息的产生、选择、存储、传输、转换和分配的过程。因而，信息技术是教育技术不可分割的一部分。事实上，现代教育技术就是以新信息技术为主要依托的新型教学技术，它涉及微电子技术、多媒体技术、计算机技术、计算机网络技术和远距离通信技术等新兴信息技术的广泛应用。把这些技术引入到教育、教学过程中，不仅可以大大提高信息处理的能力，进而大大提高教与学的效率。对我们的论题而言尤为重要的是，还能够极大地减少教学过程中的物质资源耗费，从而凸显出教学与教育过程的生态性。

2. 发展生态文明教育事业的必要性

发展生态文明教育事业有着迫切的必要性，主要在于：

一方面是发展生态文化的需要。毋庸赘言，教育有着强大的文化功能。一是传递功能。人类文化不是通过遗传而是学而知之的，因而它必须借由教育而传递。唯其如此，才能使新生一代能较为迅速、经济、高效地占有人类创造的文化财富，而不至于从原点做起。事实上，只有通过生态文明的教育机制，人

① 朱国芬，李俊奎：《结构化理论视角下的生态教育方法探析》，《兰州学刊》，2009年第5期，第146~149页。

们才能够继承传统的生态思想，借鉴他人的生态文化。二是选择功能。教育是有目的、有计划、有系统地培养人的过程。其目的性决定了其对教育内容的取舍。作为一种特定的教育，生态文明的教育舍去了各种与生态文明理念不相容或相悖的文化内容，从而使得生态文化得以强调与彰显。三是创新功能。教育不仅仅是传递固有的文化，而且要随着时代的发展和社会的变迁，在人类已有的旧文化中力求更新与创新。事实上，生态文化正是通过生态文明的教育机制，在继承传统的生态文化并扬弃工业文化的基础上而创立的。只有发挥生态文明的教育的文化功能，才能进一步发展生态文化。

另一方面是社会文明进步的需要。一定教育事业的发展不仅是特定文化创新与发展的需要，同时也是促进整个社会文明进步的需要。事实上，正是经由工业文明的教育事业的发展，与农业文明相匹配的物质文明、精神文明以及政治文明才被超越，工业文明才最终得以确立。同样，只有发展生态文明的教育事业，才能培养出生态文明理念，并在这一理念引导下进行生态实践，才能确立与生态文明理念相一致的生产方式与政治结构，生态文明才有望最终得以确立。在这个意义上，我们说发展生态文明的教育事业是社会文明进步的需要。

3．当前我国教育事业发展的对策

一般而言，要推进我国教育事业的发展，主要应采取如下几种措施：

首先，创新助学形式。传统的教育形式主要是学校教育。鉴于当前生态文化教育的艰巨性与复杂性，应以学校教育为依托，创新多样化的助学形式。一是完善委托开考专业的政府职能部门或业务主管部门组织的系统助学形式。此种助学形式多为行业主管部门为提高本系统职工素质而通过高等教育自学考试开设相应专业，并善始善终组织或委托相关单位组织助学辅导。如司法系统组织的法律、律师专业的助学。这种形式包括全国性统一助学和地域性统一助学。二是单位组织的社会助学形式。此种助学形式通常是以企事业、学校、民主党派、社会团体等为单位组织的社会助学。单位社会助学从社会人才需求出发，针对性强、灵活性高、长线专业短线专业甚至单科辅导均举行，其中高等学校助学力量最为强大。三是联合办学助学形式。即两个或两个以上符合条件的办学实体联合举办的社会助学活动。如高校与企业联合办学，个人与民主党派联合办学等。

其次，加大教育投入。教育投入是教育事业的物质基础，是支撑国家长远发展的基础性、战略性投资。要推进我国教育事业的发展，就必须健全以政府投入为主、多渠道筹措教育经费的体制，依法增加教育投入。一是切实加大政府教育投入力度，确保全国财政教育支出在财政支出比例中保持稳定增长态势。各级政府要优化财政支出结构，继续强化把教育作为财政支出重点领域予以优先保障。二是完善非义务教育阶段培养成本合理分担机制，根据经济发展状况、培养成本和居民可承受能力，适时调整学费标准。三是进一步扩大社会资源进入教育的途径，完善社会捐赠教育和学校筹款的激励机制。落实个人教育捐赠支出税收政策。鼓励社会积极捐赠，提高学校积极争取社会捐赠的意识和能力。四是鼓励和引导社会力量兴办教育，健全公共财政对民办教育的扶持政策，对办学规范、特色明显的民办学校给予奖励。

再次，动员社会参与。教育事业是一种社会事业、全民性事业，需要全社会广大群众与部门的广泛参与和密切合作。一是要政府重视。生态文明的教育是一项公益性的全民公共基础教育，是一项有投资而无直接经济回报或少经济回报的隐性活动。因而，作为公共利益、整体利益和长远利益守护人，政府就必须充分调动并有效支配全社会的教育资源进行全民生态教育；各职能部门通过制定相关的规章和制度，为生态文化教育提供制度保障，保障提高全民生态文化教养这一工程的顺利进行。二是要专家践行。作为政府决策的践行者，具有一定生态学知识以及从事生态教育的专业技术人员必须充分发挥自己的聪明才智与专业技能，对生态教育蓝图进行精心设计，以促进生态教育的多元化发展。三是要民众参与。生态教育是一个大众的事业，必须动员广大民众的共同参与和支持。这就是要求生态教育必须面向社会、面向公众，尤其是吸纳生态资源的管理者、决策者的积极参与，使他们深刻了解到保护生态环境现实和潜在的巨大价值，并借其对生态保护、使用、处理的话语权来更好地维护良好的生态环境系统。四是要媒体引导。就是要求大众传媒充分发挥自身所具备的独特的教育与宣传功能，大力倡导生态化生活方式和绿色消费方式。

二、生态文明的科技事业的发展

在科学技术成为第一生产力的当今时代，科技的创新与发展不仅是在国际竞争中争取主动的必然要求，同时也是生态文明建设能否顺利推进的关键之所在。

1. 科技事业发展的生态特征

与工业文明下科技事业的发展有着本质的不同，当前科技事业发展呈现出鲜明的生态特征。首先表现在科学发展的生态化。长期以来，在工业文明理念的引导下，人们出于理性自负与对科学的盲目宠信，习惯于从自己的视角以自我为中心思考问题，期间科学的发展方向与目的在于探求征服自然、改造自然的客观规律，而生态自然的保护以及生态平衡的维持还未进入人们的视野。然而，这种科学的发展在促进经济发展的同时，也极大地破坏了人们赖以栖身与生存的生态自然，由此背离了为人类谋福利的初衷，走向了自我否定。痛定思痛，人们对自身的文明进行反思，更新文明理念，创建生态文明，并在其引导下发展科学事业，从而使得科学精神与生态理念相融合，并最终创生一种迥异于传统科学的新兴科学——生态科学，实现科学发展的生态化转变。同时还表现在应用技术的生态化。事实上，在生态文明观指导下，不仅科学发展实现了生态化转变，而且科学的具体的应用也实现了生态化转变。数字化等信息技术的广泛应用，为人们构建了虚拟的空间，人们在其中提存与转接信息不仅高效，而且不需丝毫的资源耗费或环境污染，从而更是生态的。在这个意义上，当今的科学应用技术实现了生态化转变。

2. 发展生态文明的科技事业的必要性

发展生态文明的科技事业有着极大的必要性。具体说来，主要在于以下两个方面：

一方面是应对生态危机的需要。在很大程度上，当前所发生的生态危机是工业文明的科技应用所造成的消极后果。这是因为，工业文明的科技具有对自然进行征服的单维性，不包含对生态自然负责的生态维度，丝毫未考虑生态自然的自我修复与再生能力，科学技术以工具系统为实质将人与自然界联系起来，又像是一把双刃剑，在刺向自然界的同时也刺向了人类的最痛处。因而，这种科技越发展，固然越能促进经济的发展，但其负效应也会越明显，对自然的破坏就越大，长此以往，超出自然的自我修复与再生极限进而引发生态危机实乃情理之中之事。生态危机已成为全球性问题，直接威胁着人类的生存，解决这一难题的根本出路在于现代科学技术的走向。鉴于此，为了在追求经济发展的同时避免生态危机的发生，就必须发展包含着生态维度的科技，即生态科技。换言之，发展生态文明的科技事业是应对生态危机的需要。

另一方面是适应国际竞争的需要。在当今世界，科学技术已成了第一生产力，已成为国际竞争的关键与核心。因而，世界各国无一不把本国科技事业的发展当成头等大事来抓。然而，在生态危机日益加重的今天，各国所着力发展的科技已不再是传统意义上的科技，而是生态科技，一种兼顾经济发展与生态维护的科技。唯有发展这种科技，各国才能借由对自然的适应与改造来满足本国经济发展以及人们生活的当前需要，又能维护生态自然的健康持存，在生态可持续的基础上实现经济可持续发展进而社会可持续发展。因此，发展生态文明的科技事业是适应国际竞争的需要。

3. 生态文明的科技事业发展的现实路径

根据我国的具体情况，要发展生态文明的科技事业，就必须依循如下几条路径：

一是培养生态科技意识。意识是行动的先导。因而，要促进生态文明的科技事业的发展，首先必须培养生态科技意识。作为一种重要的生态意识，生态科技意识就是指科技工作者在科技研发中践行生态理念的意识。在传统意义上，科学技术是用来征服并改造自然的。在这种科学技术的肆虐下，生态失衡与环境污染状况日益严重，人们不得不转变传统的科学意识，形成有利于保护生态与环境的生态科技。这就要求广大科技工作者在日常的科技研发之中要勇于承担生态责任，将生态理念融入具体的工作实践中。同时，政府对科技工作者应

进行必要的监督，在科研经费拨付中应增加生态项目，对有利于生态保护的科学技术发明予以重奖，以激发科技工作者进行生态科技研发中的积极性。同时，广大群众作为消费这也应该形成绿色消费的生活方式，注重对生态科技产品的消费，拒斥易于对生态环境造成破坏的产品的消费，以引导低碳产业的形成，从而从根本上奠定引发科技工作者确立生态科技意识的经济基础。

二是加大科技研发投入。据美国国家科学委员会2012年1月17日发布的报告《2012科学与工程指标》称，中国成为仅次于美国的全球第二大研发（R&D）支出国。自1999年以来，中国的科研经费占GDP的比重增加了一倍，达到1.7%，中国研发支出的实际增长率“保持在每年约20%的非常高的水平”。然而，报告还显示，尽管 2009年中国的研发支出占全球研发支出的12%，已超过了日本的11%，但离美国所占的31%还有相当一段距离。因而，我们应进一步加大科技研发投入。主要应做到：一方面，提高技术水平含金量，抢占新兴战略性产业制高点，力求在“十二五”期间，全社会研究与试验发展（R&D）经费投入占GDP的比例达到2.2%～2.3%；另一方面，加大对专利技术产业化的支持力度，并把促进专利运用与发展新兴战略性产业结合起来，为推动新兴战略性产业的发展提供支撑与保障。

三是加快科技成果转化。所谓科技成果转化，就是指将具有创新性的技术成果从科研单位转移到生产部门，使新产品增加，工艺改进，效益提高，最终经济得到进步。目前，促进科技成果转化、加速科技成果产业化，已经成为世界各国科技政策的新趋势。然而，我国科技成果转化的现状还不尽人意。据统计，目前我国科技对经济的贡献率仅为39%，而美国、日本、芬兰等20多个创新型国家科技对经济的贡献则高于70%；我国高校每年取得的科技成果真正实现成果转化与产业化的不到1/10。为了扭转这一状况，就必须充分发挥各相关主体的积极作用，做到如下几点：其一，政府要充分发挥引导作用，制定相应的政策，大力支持企业建立自己的科研机构，着力于改变我国长期形成了科技与经济相分离的局面。其二，企业要不断提高自身科技成果转化主体意识，勇于担当科技成果转化和推广过程中的主体责任，积极参与科技成果转化，力求寓科技成果于产品开发和发展生产之中。其三，高等院校、科研院所等科研单位作为科技成果的供给主体，要担当起基础研究、应用研究以及高新技术产业化的重任，为社会提供更多的高新科技成果。其四，各种科技中介服务机构要积极介入技术市场化的全过程的各阶段，努力沟通技术供给方与需求方的联系，为技术进入市场提供便捷的渠道。

随着国民生态科技意识的培养、政府对科技研发投入的加大以及科技成果转化加快，我国生态文明的科技事业必将得以突飞猛进，生态文明建设事业必将得以极大推进。

第四节 现代传媒业的崛起

文化只有经由交流与传播，才能彰显出其内在的生命力与影响力。党的十八大号召我们要"构建和发展现代传播体系，提高传播能力"，这就是要求我们要大力发展与现代文化相匹配的现代传媒行业。一般而言，传媒行业是指从事传媒产品生产经营和提供信息服务的经济行业。[①]在人类文明史上，传媒业已经历了前农业社会的非固定性媒介、工业社会的大众传媒和工业社会后期的电子传媒前后相继的三个时期和阶段。[②]现代传媒可分为平面传媒、广电传媒与新兴传媒。改革开放30多年来，我国有利于促进现代传媒业发展的一些因素在不断累积。就GDP总量而言，我国目前已跃居世界第二大经济体，且人均GDP增幅迅猛，2011年已达到5414美元；2011年城镇居民人均可支配收入比上年实际增长8.4%，已达21810元；受教育程度明显提高，2011年具有本科以上文凭的占同龄人口的2.1%。尤为值得强调的是，一些从其他视角可能被视为缺点的方面，也成了现代传媒业发展不可或缺的促进因素。其中2011年已达1370536875人之居的庞大人口，为传媒业的发展提供了一个巨大的消费群体。同时，鉴于社会经济发展的二元经济结构特征及其地区发展的不平衡性，发达地区先进的现代传媒业为后发地区现代传媒业的快速发展提供了契机。这些因

① 张继缅：《传媒经济概论》，北京：中央广播电视大学出版社，2004年，第4页。

② 程曼丽：《国际传播学教程》，北京：北京大学出版社，2006年，第67~69页。

素，为我国现代传媒——平面传媒、广电传媒的发展与新兴传媒行业的崛起奠定了坚实的基础。

一、平面传媒的发展

平面媒体是与电视、互联网等媒体通过视觉、听觉等多维度的传递信息的立体媒体相对而言的，包括通过单一的视觉、单一的维度传递信息的报纸、杂志等。

随着信息技术的迅猛发展，立体媒体迅速崛起，平面媒体受到极大的冲击。这固然部分地由于客观市场环境变化的影响，但在更大程度上源于其自身内部的原因。一方面在于平面媒体自身落后经营方式。它习惯于以自身媒体为中心，不太看重读者的体验，它们的刊登内容、发行渠道和营销方式都不能很好地满足读者群体的需求。这与有着鲜明公共性、及时性、互动性的网络媒体，无论是信息量、传播范围还是受众群体都是无法比拟的。另一方面在于平面媒体存获取信息成本高。在所有媒体中，只有平面媒体（报纸和杂志）是付费，电视、户外、网络和广播都是属于免费性媒体，大众群体不必为了每次观看和阅读而付费。

面对立体媒体的抢进冲击，平面媒体要想发展，就必须改革其营销模式与策略。具体说来，主要在于如下几点：

其一，占领渠道，广泛接触。从某种意义来讲，谁占领了渠道，谁就占领了市场。目前国内报纸媒体在渠道的创新上，改变了以往的报摊和书报亭零售的形式，开始开发新的流通渠道。其中最为成功的当属报刊销售的地铁渠道。目前地铁渠道报刊销售比较成功的媒体有：北京地铁市场的《趣街》和《N7SO》、上海地铁的《I 时代报》和《趣街》、广州地铁的《羊城地铁报》、南京地铁的《卫报》以及重庆轻轨的《趣街》。这些成功的典范，彰示了平面媒体渠道革新的新方向。

其二，价格变革，阅读免费。免费报纸在国外发达国家已经发展得非常成熟，代表性的报纸就是起源于瑞典的《Metro》，已经在 20 多个国家免费发行了。根据世界报业协会发布的世界报业趋势年度调查报告，2006年免费报纸已经占据世界报纸总发行量的近8%，而且这一比重还在随免费报纸的发行量不断上升而提高。国内近年也出现了一些在地铁发行的报纸，像新乘坐传媒的《趣街》、《N7SO》，目前已经全面覆盖北京、上海、重庆三大人口密集城市的地铁渠道，成为国内最大的地铁DM媒体公司，并依靠自身独特的地铁发行渠道优势，在当地市场取得了良好的广告效益，从而吸引了大量的广告资金投入。

其三，服务变革，畅通交流。平面媒体应加强内容创新，不能只简单提供当天的新闻和资讯，而更应该关注目标读者关心的内容。对此，国内的一些平面媒体就做了些有益的尝试，如举办各类与读者互动娱乐的活动，为读者提供免费瑜伽、拉丁舞体念和演唱会等机会。这样不仅回馈了读者，又丰富了媒体自身的形象，培养了更多的忠诚读者群体，并形成与读者群体畅通的交流通道。

其四，媒体互动，互利共赢。平面媒体应加强与新媒体的互动与合作，创新共赢的运作模式。如2006年12月，解放日报报业集团与新浪公司宣布建立战略合作伙伴关系，双方将探索平面媒体与网络媒体合作共建联合传播平台，在新闻内容、市场经营和资本运作等领域开展全方位的合作。再如新乘坐传媒集团依托在城市地铁渠道的发行，并将其DM媒体与互联网相结合，通过旗下免费DM品牌《趣街》和《N7SO》有效到达读者群体，再运用互联网媒体实现与读者群体交流互动。

二、广电传媒的发展

我国的广电媒体产业虽然经过了20多年的高速发展，但是随着经济社会的发展，人们的需求更加丰富化、多样化和个性化，广电媒体产业市场出现了一些新的市场机会，仍有着巨大的发展空间。

传统传媒业存在着严重的市场的区域化分割状况。在传媒业区域市场分割的条件下，很多传媒企业只能在一个既定的省份或市区内发展。优势的传媒企业和品牌囿于市场范围的限制，没有足够的成长空间，而劣势的传媒企业由于地方保护，虽然利润率很低甚至亏损，但是依然可以依靠当地政府的扶持而存

活下来，在这种情况下，优势的传媒企业就得不到进一步的发展，而劣势的传媒企业也不能依靠市场机制淘汰掉，最终会形成“优不胜劣不汰”的情况。而现代广电媒体业能够在很大程度上打破这一状况，可以通过一定的渠道运作全国性甚至世界性的大市场。如通过节目上星，无论广电媒体处于何地，只要其办得好，它就可以跨越地域和空间甚至跨越文化由其读者和受众所接收。目前，广电媒体有着巨大的消费群体。据统计，截至2011年，我国广播电视覆盖从“村村通”迈向“户户通”，电视综合覆盖率为97.23%，广播综合覆盖率为96.31%。[①]这些都为广电媒体的进一步发展打下了坚实的基础。

目前，我国的广电媒体取得了长足进步。具体表现在：

第一，我国的广电媒体事业取得了长足进步。2011年，我国广播电视总收入达2894.79亿元，其中广播电视广告收入达1122.90亿元；全国有线广播电视入户率达49.43%，用户首次突破2亿户。有线网络产业收入达563.78亿元。全年电影票房超过131亿元，增长近29%。影院建设快速增长，全年新增加803家影院，截至2012年1月底，已有约9600块银幕，银幕总数跃居世界第二。全国影视文化产品与服务出口总额共计1.56亿美元，出口覆盖五大洲100多个国家和地区。全年共有485部次国产电影在境外举办了75次中国电影展及专题活动。有关机构选送了295部次影片参加了境外82个电影节，有55部次影片在18个电影节上获得82个奖项。[②]

第二，已经形成了一批实力强的广电集团。央视由于具有国家级媒体的强势地位和品牌影响力及能够在全国各地落地的优势，其在我国的电视媒体市场上一直处于一家独大的地位。自1999年6月9日无锡广播电视集团正式挂牌成立始，湖南、上海、北京、浙江等地广电集团宣告成立。截至目前，经过国家广电总局批准组建的广播电视集团已经发展到20多家。“央视”一家独大的格局逐渐被打破，形成了一个“百家争鸣”的良性竞争局面。

第三，广电资源逐步实现优化组合。随着竞争的加剧以及传媒业和广电市场尚处于区域化分割状态，一些处于落后地区的广电媒体面临的竞争压力越来

① 程天赐：《广播电视覆盖从“村村通”迈向“户户通”》，农民日报，2011年9月21日，第2版。
② 原国家广电总局发展研究中心：《中国广播电影电视发展报告》，2012年。

越大。在竞争压力进一步加大的情况下，广电资源将逐步向优势广电集团手中集中，出现“强者恒大、赢者通吃”的局面。其中，作为一个典型案例，中国广播影视集团早在2001年12月6日就正式成立。该集团将中央电视台、中央人民广播电台等中央级广播电视媒体集纳在一起，号称是拥有广播、电视、电影、传输网络、互联网站、报刊出版、影视艺术、科技开发、公告经营、物业管理等多方面业务的综合性传输集团。从此，我国广电资源逐渐得以优化组合。

然而，尽管我国广电传媒业已取得了巨大进步，但与发达国家或地区相比，仍存在着巨大的差距。为了对这些国家或地区进行赶超，我们应从以下方面入手：

其一，大力发展广电媒体与企业。中国广电媒体和广电企业起步较晚，虽然取得了快速发展，但是总体来说，目前中国广电媒体和广电企业还比较分散、规模尚小、实力还很单薄。鉴于此，我们就应完善广电立法，出台各种扶持政策，大力发展跨区域跨媒介的大型广电传媒集团，推进广电集团自身能力建设。

其二，深化广电集团化改革。集团化是我国传媒业和广电媒体做强做大做优的必然选择，但是我国的广电媒体改革从以前的集团化改革方向开始向回走。如2005年3月29日，北京市对北京市广播电视管理体制进行了调整，将原北京广播影视集团所属的北京电视台、北京人民广播电台等公益性事业单位划出，作为市广播电视局所属的事业单位。这种划转与调整宣告了集团的解体，是与集团化改革的方向进而现代传媒业的发展方向背道而驰的。为了进一步推进我国广电传媒业的发展，就必须坚定不移地深化广电集团化改革。

其三，完善现代广电媒体企业制度。就总体而言，目前中国绝大多数广电企业实行的仍是“事业单位企业化运作”，还存在着一定程度的传媒业市场的区域化分割现象。在这种情况下，绝大多数广电企业尚未成为真正意义上的市场主体，还不能完全从市场和客户的角度来考虑问题，从而还未能形成优胜劣汰的市场机制，进而导致广电企业发展后劲不足、活力不够、效益不好等状况。鉴于此，要进一步推动我国广电企业的发展，就必须完善现代广电媒体企业制度。这就是要打破传媒业区域市场分割，消除传媒企业地方保护主义，形成优胜劣汰的市场机制。

其四，打造高素质的经营管理队伍。在科学技术已成为第一生产力的当今社会，人才竞争已成为企业竞争的关键与核心。然而，由于我国广电业发展相对较晚，再加我国广电业自成体系、相对封闭，致使我国的广电业普遍存在人才短缺现象。相对于高水平的编辑人才，高素质的经营管理人才更为缺乏，甚至达到了千金难求的地步，尤其是缺乏具有战略思维能力的传媒职业经理人。鉴于此，为了进一步推进我国广电企业的发展，我们就必须注重经营管理人员的培养，着力于打造一支高素质的经营管理队伍。

三、新兴传媒的崛起

随着信息技术的发展，以互联网为代表的一种新型的现代传媒营运而生。相较于平面传媒与广电传媒，互联网有着极大的优越性。

其一，开放性。互联网的开放性主要体现于其公共服务性，它作为一个公共服务的平台，全天候、全方位地向社会开放，每个人既可以是信息的受众，也可以是信息的传播者。QQ、博客等互联网服务产品使人人都有发布信息的权利，消除了信息传播者和信息受众之间的壁垒。

其二，时效性。互联网利用最新网络技术，可将各种信息源在最短时间内向全社会传播，使受众能及时共享各类信息，大大提高了信息的时效性。全球网络可将全球的信息在瞬时内传播至世界每一角落，且及时更新各类信息。第四媒体、第五媒体的出现，大大提高了信息传播的速度。因此，广大受众都喜欢从互联网获取各类信息，互联网也就成为信息高速公路和信息社会的重要标志。

其三，媒介的融合性。数字技术消除了媒体的介质壁垒，使各种媒体资源互相融合，呈现在互联网上，传播至广大受众。互联网可以将平面媒体（如报纸）、音像媒体（如电视、电影）等多种媒体，以及声、光、电等多种传播手段融合在一起。因此，互联网信息量之巨大，是以往任何一个媒体很难望其项背的。互联网又是一个动感地带，信息有声有色，滚动跳跃，已成为集现代传播技术和多种媒体之大成的，一种先进的、现代化的传播媒体。[①]

① 程曼丽：《国际传播学教程》，北京：北京大学出版社，2006年，第67～69页。

自1995年始，我国新兴媒体历经了一个从酝酿起步、加速发展、整合调整到和谐发展的过程，在技术更新、产品创新、商业模式以及市场规模等方面都不断趋于成熟。我国新兴媒体的成熟是以两个事件为标志的。其一是网络视频网站的出现。2006年，以优酷和土豆等视频网站相继成立为标志，我国进入视频网络时代；此后，在优酷、土豆的统帅下，中国网络视频网站纷纷成立。时至2008年，据CNNIC报告（第22次调查数据），截至2008年6月，我国使用网络视频的网民就高达1.6亿。第一视频联播网每天浏览量达1.2亿左右，影响力日益扩大。[①]网络传媒网站的出现，不仅导致了网络传媒影响力迅速扩大，同时还标志着中国网络传媒进入了一个崭新的时代——影像时代。其二是新兴网络传媒与传统媒介的融合。2009年是中国3G应用元年。2010年6月6日，我国电信网、广播电视网和互联网的三网融合试点方案得以通过，明确广电将负责IPTV集成播控平台建设管理。[②]作为“第四媒介”的新兴网络传媒与传统的三大媒介的融合，不仅极大地整合了传媒资源，而且也为网络媒体的迅猛发展提供了深厚的基础与注入了强大的活力。

我国新兴传媒业之所以获得了如此骄人的成绩，主要在于在整合了传统媒体资源的基础上，采取以下几种确当措施：

一是引入了网络传媒职业经理人进行运作管理。网络传媒职业经理人的专业和风险意识可以引导现代网络传媒企业根据市场需要生产差异化的产品赢得受众，并最后为企业带来经济效益。[③]尽管中国的传媒经理人及相关制度还处于摸索阶段，但网络传媒职业经理人以其专业知识、专门经验和独有的创造性对现代网络传媒业的贡献是毋庸置疑的。

二是企业盈利模式得以优化。尽管当前多数中国网络传媒企业仍多以网络广告为主流的盈利模式。但近年来电子商务平台、增值服务等其他增值业务竞相呈现，并在网络媒体的盈利中呈逐年上升趋势，使得网络传媒业盈利模式呈现出一定程度的多元化。

---

① 潘佳河，关来来：《从网络媒体看视频网站的发展趋势》，《商场现代化》，2011年第3期，第52～54页。

② 中国国务院新闻办公室：《中国互联网状况》白皮书，2010年6月8日。

③ 包国强，李良荣：《传媒企业核心竞争力的提升策略》，《中南财经大学学报》，2007第3期，第72～75页。

三是注重现代网络传媒企业品牌的塑造。在一定程度上，现代网络媒体的品牌优势建立在企业的总体发展战略之上。现代网络传媒企业的品牌作为高品质、高文化的象征，具有巨大的经济价值。[①]当前中国网络传媒企业已越来越意识到企业品牌塑造的重要性，并基于市场需求建立了一大批专门网站。

四是积累了大量的知识产权。当前，中国的现代网络传媒企业加强了资讯产品的内容创新，并通过创意、生产来积累拥有自主知识产权的资讯产品，从而不仅在一定程度上避免了因侵权而付出不必要的代价，而且还在极大地增强了企业核心竞争力。

以上四点，不仅是中国网络传媒业的迅猛崛起的具体表现，同时也为其进一步发展提供了坚实基础。目前，中国的动漫产业发展迅猛，创制的神笔马良、孙悟空、宝莲灯、小蝌蚪找妈妈等卡通电影获得了极大成功。2001年，新闻集团旗下的STAR集团与广东有线网络公司达成协议，2002年起在广东省内播放一个全新的24小时的综艺节目。与此同时，我国传媒技术也突飞猛进，CDMA和3G技术已开始进入市场运作阶段。成立于1966年的凤凰卫视，以全球华人为主流受众，短短几年内迅速崛起为覆盖华语国家和地区的、有世界影响力的重要媒体。可以预见，我国现代传媒业在亚太地区乃至世界上的地位将不断攀升。

然而，就总体而言，我国的现代传媒业离世界先进水平还有相当的一段距离。目前，世界传媒产业已形成“一强七星”的基本格局。其中一强指美国，是世界传媒业的超级大国，其传媒产业产值高居世界首位，占全球比重40.67%；它控制了全球75%的电视节目的生产和制作，其电影产量仅占全球影片产量的6.7%，却占领了全球50%以上的总放映时间。而七星则是指德国、英国、法国、澳大利亚、加拿大、日本、韩国。据美国媒体观察组织（FAIR）1999年的报告，按资本量对国际媒体进行排序，处于传播媒体顶层的的九大媒体集团都属于西方发达国家。其中，美联社、合众国际社、路透社、法新社四大西方主流通讯社每天发出的新闻量占整个世界新闻发稿量的4/5，西方50家媒体跨国公

---

① 白如金：《论传媒竞争与品牌创造》，《中国经贸导刊》，2010第22期，第83页。

司占据了世界95%的传媒市场。为了进一步促进我国现代媒体也的发展，就必须借鉴西方现代媒体业发展的经验，从以下几个方面着手：

第一，加强产业横向联合。相关行业的强强合并，走规模经济之路，是传媒产业面对激烈竞争的最佳选择。全球九大传媒集团大多通过横向联合，形成以某一企业为龙头的大型传媒集团。例如，1987年时代公司的报刊业和华纳公司的电影、音像业联手合并成立实力雄厚的时代—华纳集团，成为世界现代传媒业的巨头。又如，2000年3月，美国论坛公司并购时代镜报公司，组建成美国最大的区域报业集团，垄断了美国纽约、芝加哥、洛杉矶三大城市的报刊出版发行业务。

第二，加快产业纵向整合和集群化趋势。纵向整合中，往往以一个品牌企业为龙头，把传媒产业链向上下游延伸。例如，美国的NBC电视台一方面向上游产业链延伸，扩大传媒的源头产品，增设有线频道、网上新闻等；另一方面通过并购200多家地方电视台，扩大传媒覆盖面，形成美国最大的影视传播王国。

第三，增强跨媒体整合和多媒体化趋势。随着技术的飞速进步，单一媒体的传统模式已受到严重冲击。不少企业集团已跨越平面传媒、音像传媒、网络传媒三大领域，将广播、电视、通信、网络等技术嫁接起来，形成跨越不同媒体的综合性传媒产业。

第四，实施跨领域整合和混业化经营趋势。鉴于传媒业是一个高科技、高风险行业，竞争十分激烈。跨领域整合是指优势企业并购非传媒企业的一种企业行为，有两种模式：一是传媒企业向非传媒企业发展；二是非传媒企业向传媒企业渗透，最终都发展为不同产业之间的混业经营。例如，美国通用电器公司1985年兼并了美国著名的全国有线网成为现代传媒业的新秀。索尼公司也有类似的成功经验。

通过上述措施的实施，我国的新兴传媒产业必将得以快速发展，进而我国生态文明的文化建设事业必将得以大幅推进。

第七章 生态文明的社会建设

生态文明的社会建设是以生态文明观为指导，对人类一切生存和发展活动赖以进行的结合体本身进行的"建设"。在迈向生态文明社会的过程中，必须根据不断发展的形势和出现的新问题，有针对性地发展各方面社会事业，建立和优化与不同时期的经济结构相适应的社会结构，通过区域协调发展，形成分工合理、特色明显、优势互补的区域产业结构，培育形成合理的社会阶层结构；以社会公平正义为基本原则，完善社会服务功能；促进社会组织的发展，加强政府与社会组织之间的分工、协作以及不同社会组织之间的相互配合，有效配置社会资源、加强社会协调、化解社会矛盾。

第一节 节约型社会建设

生态危机在很大程度上是由于人们在工业文明理念的引导下对资源能源的过度耗费而引起的。推进生态文明的社会建设，首要而重要的是要响应党的十八大"全面促进资源节约"的号召，"坚持节约优先、保护优先、自然恢复为主的方针，着力推进绿色发展、循环发展、低碳发展……"，加强节约型社会建设。

一、什么是节约型社会

节约型社会就是指在社会生产、流通、消费的各个领域，在经济和社会发展的各个方面，通过健全机制、调整结构、技术进步、加强管理、宣传教育等手段，切实保护和合理利用各种资源，提高资源利用效率，以尽可能少的资源消耗获得最大的经济效益和社会收益，实现可持续发展。

节约型社会的提出，是在国外相关理论发展的背景下，结合我国社会发展现状的实际需要，我国政府对社会发展远景的科学规划。早在20世纪60年代末70年代初，罗马俱乐部成员就提出了“增长的极限”，呼吁“可持续发展”。十多年后，联合国将可持续发展确定为全世界共同努力的目标，并将经济发展、社会进步、环境保护作为可持续发展的三大支柱。从此，节约自然资源、保护生态环境的思维方式、文化观念和价值取向，开始在全世界广泛传播。1992年，联合国里约环发大会通过的《21世纪行动议程》，正式提出了“环境友好”的理念。2002年，世界可持续发展首脑会议通过的《约翰内斯堡实施计划》，使“环境友好”的认同度进一步提高。此后，环境友好的理念从生产、消耗、技术等局部环节，扩大到政治、文化、道德等全方位领域。2004年，日本政府发表《环境保护白皮书》，率先提出建立环境友好型社会。我国对建设环境友好型社会高度重视，并将资源节约与环境友好一同作为保护环境的重要内容，提出建设“资源节约型、环境友好型社会”的宏大目标。2005年3月，在中央人口资源环境工作座谈会上，胡锦涛提出要“努力建设资源节约型、环境友好型社会”。党的十六届五中全会又指出，要加快建设资源节约型、环境友好型社会，并正式把建设资源节约型和环境友好型社会确定为国民经济与社会发展中的一项长期战略任务。党的十七大报告再次强调要加强能源资源节约和生态环境保护，并指出必须把建设资源节约型、环境友好型社会放在工业化、现代化发展战略的突出位置。在党的十八大报告中，中国共产党进一步重申要健全国土空间开发、资源节约、生态环境保护的体制机制，推动形成人与自然和谐发展现代化建设新格局。

建设资源节约型社会，其目的在于追求更少资源消耗、更低环境污染、更大经济和社会效益，实现可持续发展。我国国情决定了中国必须要走节约型之路，中国是个人口大国，如果按照美国以占世界不到5%的人口，消耗世界25%的能源资源现行状况来看，中国人均要达到这个水准，意味着要把全世界的能

源资源都拿来，这显然是不可能的。我们唯一的出路，就在于注重能源资源最优化原则，厉行节约，尽可能提高资源利用效率，以较少的资源消耗满足人们日益增长的物质、文化生活和生态环境需求。

二、建设节约型社会的必要性

建设节约型社会对于生态文明建设有着不可或缺的重大意义。主要在于：

第一，建设资源节约型社会是从根本上减轻环境污染的有效途径。一般认为，人类活动的环境影响取决于人口数量、消费增长、技术能力和经济结构。建设资源节约型社会是防治污染、保护环境的重要途径，是生态文明建设的重要内容。建设资源节约型社会要求实施清洁生产，从资源开采、生产、运输、消费和再利用的全过程控制环境问题，即从经济源头上减少污染物的产生，而不仅仅在经济过程的末端进行污染控制，这是保护环境的治本措施。另外，对于源头不能削减的污染物和经过消费者使用的包装废物、旧货等要加以回收利用，使它们回到经济循环中去。只有当避免产生和回收利用都不能实现时，才允许将最终废物进行环境无害化的处置，这将大大地减少固体污染物的排放。因此，走发展循环经济之路有助于最大限度地减少废物排放，从根本上减轻经济增长对环境的压力，实现环境效益与经济效益的双赢。

第二，建设资源节约型社会是应对新贸易保护主义的需要。经济全球化和国际贸易壁垒迫切要求发展循环经济。一方面，发达国家把污染严重的产业转移到发展中国家；另一方面，又把环保作为与发展中国家进行贸易谈判的砝码，逼使发展中国家作出更大让步。例如，由“绿色壁垒”和以节能为主要目的能效标准、标识等构成的非关税壁垒已成为我国扩大出口面临最多也是最难突破的问题，对我国产品在世界的竞争力带来严重影响。其中ISO14000环境管理认证体系已被越来越多的国家所采纳，并将成为“技术贸易壁垒”，对于未通过认证的企业，其产品会遭到绿色消费主义者的排斥，外国政府和企业也会与之断绝生意往来。在这种形势下，我国只有建设资源节约型社会才能立足国内、迈向国际市场。

第三，建设资源节约型社会是提高经济运行效益的重要举措。建设资源节约型社会可以提高资源产出率、综合利用率和循环利用率，使我国总体经济发展实现“科技含量高、经济效益好”的目标。首先，有利于推进经济增长方式的转变，引导经济建设从“高投入、高消耗、高污染、低产出、低效益”的粗放式经营转向经济效益高、资源消耗少、环境污染轻的集约型发展的轨道上来。其次，有利于调整和优化产业结构。建设资源节约型社会是以集约利用资源、保护生态环境、提高经济社会效益为特征的，有利于产业结构向科技含量高、经济和环境效益好的方向转变。建设资源节约型社会的发展还促使再生资源回收利用产业、建设资源节约型社会技术研发和信息咨询等新型环境产业的发展。再次，有利于提高招商引资的质量和水平。资源和环境是重要的生产要素，保护资源和环境就是保护生产力，改善环境就是发展生产力，资源禀赋和环境状况越来越成为投资者考虑的重要因素。建设资源节约型社会可以吸收更多的高质量国内外投资，引进其先进技术和管理经验，快速提升产业结构和经济运行质量。

三、建设节约型社会的具体路径

既然建设节约型社会有着如此的重要性，我们就应通过对生产、流通以及消费各个环节中的资源耗费控制的加强来对其予以促进。

在流通环节中加强节约型社会建设，就是要形成高效流通方式。当前，物流业已经成为我国国民经济的重要产业，它囊括了运输、仓储、加工、配送、信息等诸多活动，它推进了生产，拉动了消费，吸纳了为数众多的就业人口，在保持增长、扩大内需、调整结构、增强国力等方面发挥着重要作用。我国建设节约型社会，就要不断优化并促进物流业的持续发展。

一方面，要及时更新物流观念，不断改善管理体制。现代物流是企业在降低物质消耗、提高劳动生产率之外创造利润的第三源泉，也是企业降低经营成本、提高综合竞争力的重要环节。要把服务平台和服务战略作为物流发展的主旋律。物流是由多项活动、多个环节共同组成的有机整体，系统中任何一个环

节或部分滞后或脱节，整个物流过程就会运作缓慢，效能低下。在管理体制方面要强化综合协调机制，打破原有的行业、地区分割和体制机制约束，真正形成合力，发挥集中管理对推进物流业整体发展、创新发展和系统建设的优势，促进区域之间、城市之间、企业之间物流发展的共建、共享、共赢。①

另一方面，培育物流所需人才，提高物流技术水平。目前，我国与发达国家物流行业的差距，不仅是资金、装备的差距，更重要的是先导人才和物流综合技术的差距。因此，物流人才培育、技术跟进是我国物流业差距缩小、发展稳步的必经之路。解决目前物流专业人才的问题，可行的办法是加强物流企业与科研院所的多方位合作，使实际应用与理论研究相结合，尽快加速管理人才和专业技术人才的培养，造就熟悉物流实践操作流程的专业人才队伍。同时，物流企业在直接引进应届毕业生时，也应对现有员工，通过在线培训、企业内训、企业外训、进修学习等多种途径完善员工知识结构、提高员工职业能力，有效提高企业软实力，大力增强企业竞争力。科学技术是第一生产力，现代物流的核心发展思路是在集成化、系统化、信息化基础之上，将物流各环节、各工序实施全过程优化整合，实现无缝链接，从而降低物流费用、缩短物流时间。具体来说，是将物流服务链上的所有结点，通过一定的计划、组织、协调和控制，并借助现代信息技术和网络技术的支持，使物流管理以最为合理的成本向用户提供最为满意的服务。②物流行业企业要重视新技术，学习新技术，应用新技术，研制新技术，尽快适应以构建信息化技术为中心的物流服务产业体系，大力改善我国新型物流业的整体效能。

在消费环节中加强节约型社会建设，就是要确立绿色消费方式。生活方式是指人们长期受一定社会文化、经济、风俗、家庭影响而形成的一系列的生活习惯、生活制度和生活意识。绿色生活方式是针对人们已意识到人类生存环境被相继人类自己的生产方式严重恶化的状况下，人们在自己的日常生活中，节能减排的理性消费观及消费态度。是人们自觉地保护生存环境的自觉意识，实

① 汪鸣：《我国物流业发展展望及管理体制问题》，《物流工程与管理》，2011 年第 1 期，第 1～4 页。

② 史锃纬：《更新物流观念，推进集约发展》，宝钢日报，2011 年 3 月 29 日，第 4 版。

质上也就是“低碳生活（low-carbon life）”。目前，“低碳生活”理念渐渐被世界各国所接受。低碳生活方式代表着更健康、更自然、更安全的一种时尚环保的生活方式，它并不是要求降低生活质量和标准，而只需要我们树立起低碳观念，尽量减少“碳足迹”，从生活的点点滴滴做到尽量节约、不浪费，我们同样能很好地享受我们的低碳生活，真正做到享受生活与保护环境两不误。

确立绿色的生活方式需要个人与社会两个层面共同努力才有效促成。从个人的衣食住行方面来说：衣服多选择棉质、亚麻和丝绸，这样不仅环保、时尚，而且优雅、耐穿。尽量选择手洗衣服，用太阳光自然烘干衣服，少用洗衣机，这样做不仅环保而且能增加衣服的使用寿命，且晒太阳能杀菌。饮食方面要尽量养成良好的餐饮习惯：如出门购物，尽量自己带环保袋，出门自带喝水杯，多用永久性筷子、饭盒，尽量避免使用一次性餐具；减少吃带包装的食品，减少使用包装袋的次数。在住的方面：养成随手关闭电器电源的习惯，随手关灯、开关、拔插头，建议使用竹制家具，因为竹子比树木长得快。在行的方面：尽量选用公共交通，如乘坐公交车，多步行，多骑自行车，坐轻轨地铁，少开车；开车时要注意节能，避免冷车启动，减少怠速时间，避免突然变速，选择合适挡位避免低挡跑高速，定期更换机油，高速莫开窗，轮胎气压要适当等。

从社会层面讲，首先，要在全社会提倡低碳生活方式。如建立社会管理制度，按照低碳生活的要求，制定推行低碳城市、低碳社会、低碳企业、低碳校园、低碳家庭的标准，通过相应的表彰、奖励、处罚措施，对公民的生活行为予以引导。其次，要建立公共服务体系。一是建立和完善对城乡居民低碳生活的支持体系，帮助人们实现低碳生活的目标。如在农村大力推广沼气利用，在城市大力发展公共交通。二是建立公民“碳补偿”的服务体系。再次，要开展全民教育活动。提倡崇尚节俭、合理消费、绿色消费等理念，养成节约、环保的消费方式和生活习惯，遏制浪费、减少浪费。

第二节　生态小康社会建设

建设节约型社会，不是要限制人对生存与发展所必需物质资料的合理需求。恰恰相反，为了促进人的全面发展，必须在限制人们过度需求的基础上，确保对他们的生存保障与发展支撑达到全面小康水平。

一、全面小康社会及其生态维度

小康社会是古代思想家描绘的一种社会理想，是人们对宽裕、殷实的理想生活的追求。作为中国共产党所提出的一个社会目标，是由邓小平最先提出并使用的。1979年12月6日，邓小平在会见来访的日本首相大平正芳时提出，中国现代化所要达到的就是小康状态，而达到这一状态的标准就是国民生产总值人均达到800美元，处于这种状态中的社会就是小康社会。后来经济专家学者分析与规范，将其界定为一个经济发展、政治民主、文化繁荣、社会和谐、环境优美、生活殷实、人民安居乐业和综合国力强盛的经济、政治、文化全面协调发展的社会。

邓小平不仅描绘了小康社会的发展蓝图，而且构想了建设小康社会的“三步走”发展战略：从 1980 年到 20 世纪末的20年，第一个10年国民经济生产总值翻一番，第二个10年在此基础上再翻一番，实现这个目标意味着我们进入小康社会，然后第三步是在 21 世纪用30年到50年达到中等发达国家水平。到了2002 年中共十六大时，中国已基本实现了现代化建设“三步走”战略的第一步和第二步目标，其中第一步实现了“宽裕小康社会”，第二步实现了“殷实小康社会”，至此全国人民生活在总体上已达到了小康水平。但同时认为，此时所达到的小康还是低水平的、不全面的、发展很不平衡的小康。因而还应走“第三步”，力争到2050年“……基本实现现代化，把我国建成富强民主文明的社会主义国家，人民生活更加富足，……”从而建成富足小康或全面小康社会。[①]

① 田强：《江泽民全面建设小康社会理论的内容构成及其意义》，《求实》，2003年第3期，第16~17页。

党的十七大报告中进一步提出了“确保到2020年实现全面建成小康社会”的奋斗目标。为了实现这一目标，不仅对经济、政治、文化、社会等传统方面的建设提出了新要求：“增强发展协调性，努力实现经济又好又快发展”、“扩大社会主义民主，更好保障人民权益和社会公平正义”、“加强文化建设，明显提高全民族文明素质”、“加快发展社会事业，全面改善人民生活”，而且还提出了一个小康社会建设的新维度——生态文明建设，并对其提出了具体要求：“基本形成节约能源资源和保护生态环境的产业结构、增长方式、消费模式。循环经济形成较大规模，可再生能源比重显著上升。主要污染物排放得到有效控制，生态环境质量明显改善。生态文明观念在全社会牢固树立。”可见，“宽裕小康社会”与“殷实小康社会”到“全面小康社会”，增添了生态这一新维度。党的十八大报告中在论及全面建成小康社会的目标时，更是明确提出了对生态的新要求：“资源节约型、环境友好型社会建设取得重大进展。主体功能区布局基本形成，资源循环利用体系初步建立。单位国内生产总值能源消耗和二氧化碳排放大幅下降，主要污染物排放总量显著减少。森林覆盖率提高，生态系统稳定性增强，人居环境明显改善。”可见，“全面小康社会”之全面性不仅在于它是一种包括经济、政治以及文化等传统方面的小康社会，而且尤其在于它是一种还涵盖了生态维度的小康社会。从这一意义上，全面小康社会谓之为“生态小康社会”。

二、建设生态小康社会的重要意义

作为小康社会发展的一种高级形态，生态小康社会建设有着极其重大的意义。主要在于：

第一，建设生态小康社会是社会主义制度优越性的具体表现。一方面，在社会主义制度下，借由国家宏观调控对经济发展诸方面进行控制，才有望形成节约能源资源和保护生态环境的产业结构与增长方式；另一方面，在私有制度下，资产者拥有完全的生产自主权以及资源、能源的所有权，并倾向于关注自己能够独享的经济利益而不是不必独自承担的生态后果，因而他们在确立消费

方式，包括生产消费与生活消费时，是否有利于生态维护与环境保护就不在他们的考虑范围，或者通过跨区域转移污染和破坏生态。因而，只有建成生态小康社会，才能使社会主义制度的生态优势得以彰显。

第二，建设生态小康社会是促进人的全面发展的根本要求。生态小康社会不仅有着涵盖经济、政治、文化等方面的的社会维度，而且还有着生态维度。而无论是社会意义上的小康还是生态意义上的小康，对人的全面发展而言都是不可或缺的。这是因为，唯有实现社会意义上的小康，才能为人提供用以发展自身的经济后盾、政治氛围、观念基础以及社会保障，才能促进人与人之间的和谐关系形成，进而使人从与他人及社会的关系中解放出来。同时，唯有实现生态意义上的小康，才能为人的生存提供一个健康持存的安生立命之所，才能在生态可持续的基础上实现经济可持续进而社会可持续，并使人得以从与自然的关系中解放出来。从与他人及社会的关系获得解放以及从与自然的关系中获得解放，是人的全面发展的关键步骤与重要环节。就此而论，建设生态小康社会是促进人的全面发展必由之路。

三、建设生态小康社会的具体路径

生态小康社会是一个在其中人们能够享有较高经济、政治、文化社会以及生态等方面利益的社会。因而，要对其予以建设，就必须加强这些方面的建设。

1. 完善现代国民教育体系

党的十六大提出把“形成比较完善的现代国民教育体系”作为全面建设小康社会目标中重要构成部分，以促进人的全面发展和经济社会的全面进步。为了做到这一点，党的十八大进而提出：“要坚持教育优先发展，全面贯彻党的教育方针，坚持教育为社会主义现代化服务的根本任务，培养德智体美全面发展的社会主义建设者和接班人。”这就要求，完善的现代国民教育体系构建不仅要从理念上进行创新，还要从社会运作机制上进行设计与安排。一方面，要树立国民教育新理念。树立“以人为本”的价值理念，把国民教育与人的自由、尊严、幸福、终极价值紧密联系起来，将其价值目标定位于人的全面发展；要树立“教育公平”的现代理念，做到起点平等、过程平等和结果平等；要确立“以普通教育和职业教育为基础”的教育理念，使职业教育与普通教育共同承担起对我国公民提供公共教育服务的职责；要树立“全民学习、终身学习”理念，在全社会形成良好的学习氛围，着力于培养一大批学习型人才。另一方面，要建立健全国民教育机制。一是要形成国民教育经费保障机制。要从财政税收制度上保证国民教育有足够的运营、发展费用，创造出既能调动地方积极性保障与发展国民教育，又能切实保证欠发达地区国民的基本教育权利的经费保障机制。二是要形成国民享受教育权利的保障机制。国民教育的内容、方式、目标和要求，都必须适合国民及其发展的需要，都应该确实于国民终身发展有益，必须格外关注流动人口、弱势群体以及老、少、边、穷农村地区的教育权利，确保国民教育使每一个人都终生受益。三是要形成国民教育的质量保障机制。就是要在保证教育经费与师资的基础上，形成民主的决策机制与有效的监控制约机制，以及社会化的国民教育内容、方法、目标、要求的讨论、决策和评价监控机制，确保国民教育体系最大限度地实现国民的共同利益。

2. 完善社会保障体系

党的十八大报告中明确指出“社会保障是保障人民生活、调节社会分配的一项基本制度”，并主张“要坚持全覆盖、保基本、多层次、可持续方针，以增强公平性、适应流动性、保证可持续性为重点，全面建成覆盖城乡居民的社会保障体系。”因此，要做好如下工作：一是形成城乡一体化的社会保障体系，使之逐步覆盖城乡所有劳动者；整合城乡居民基本养老保险和基本医疗保险制度，逐步做实养老保险个人账户，实现基础养老金全国统筹，建立兼顾各类人员的社会保障待遇确定机制和正常调整机制。二是要增加基金来源，建立稳定、可靠的资金筹措机制，并使其制度化、规范化，建立社保基金机制，扩大社会保障基金筹资渠道，建立社会保险基金投资运营制度，确保基金安全和保值增值。三是完善统一的包括社会保险、社会救济、商业保险和多种形式的补充保险、

住房保障等多层次的社会保障体系，健全社会福利制度，支持发展慈善事业；建立市场配置和政府保障相结合的住房制度，加强保障性住房建设和管理，满足困难家庭基本需求；健全包括妇女儿童、老龄人口以及残疾人等特殊人群社会保障和服务体系。四是要按照一体化、社会化原则，建立一个全国性、权威性的统一协调领导机构，并根据我国的实际情况，尽快通过立法手段将一些成功的做法统一规范起来，健全社会保障的法制，以为我国社会保障体系建构提供制度保障和法律支撑。

3．加强和创新社会管理，完善社会管理体系

加强和创新社会管理，完善社会管理体系，主要是抓好以下几个方面：第一，完善社会管理工作格局体系。要建立党委领导、政府负责、社会协同、公众参与四位一体的社会管理工作格局，在发挥党委在社会管理中总揽全局、协调各方的领导核心作用的同时，强化政府社会管理和公共服务职能，发挥社会各方面的协同作用以及群众参与社会管理服务的基础作用。第二，完善社会管理制度体系。要统筹规划事关社会管理全局和长远的制度建设，推进社会管理制度化、规范化、法治化；要大力推进社会管理基础性制度建设，建立健全保障公民基本社会权利的基本制度；要加快人口管理制度以及户籍管理制度改革，建立城乡统一的户口登记管理制度。第三，完善维护群众权益机制体系。要建立科学有效的利益协调机制，统筹协调各方面利益；要建立发展成果共享机制和侵害群众权益的纠错机制，着力解决群众反映强烈的问题，坚决纠正损害群众利益的行为；要健全社会稳定风险评估机制，凡是重大决策事项都要进行社会稳定的风险评估。第四，完善公共服务体系。要加快推进公共服务体系建设，逐步完善基本公共服务体系，积极促进城乡基本公共服务均等化；进一步优化政府投资结构，加大向公共服务体系建设倾斜的力度，切实保障民生工程和社会政策的实现。第五，完善社会规范体系。要在社会生活的各个领域加快建立和完善个人行为的规范体系，把人们行为尽可能地纳入共同行为准则的轨道；要健全社会诚信制度，加强社会信用管理，完善信用服务市场体系，强化对守信者的鼓励和对失信者的惩戒。第六，完善公共安全体系。要建立健全突发事

件应急体系，加强全民风险防范能力和应急处置能力建设；要健全食品药品安全监管和质量追溯机制，加强食品药品安全风险监测评估预警和监管执法；要完善社会治安防控体系，健全立体化治安防控体系，严密防范和依法打击各种违法犯罪活动。

第三节　生态社区建设

无论是节约型社会构建还是生态小康社会建设，无疑都是从健全机制或转变方式的角度来论述生态文明的社会建设的。然而，生态文明的社会建设不仅包括社会诸方面的生态化转变，而且还包括社会作为人安身立命之所本身的生态性建构。这就是要求进行生态社区建设。

一、什么是生态社区

"社区"一词源于拉丁语，德国社会学家滕尼斯最早把它应用于社会学研究。而我国社会学家则是从20个世纪30代开始使用"社区"这一概念的。社区是指在一定地域空间中的人群生活共同体，其范围大可至一个国家或民族，小可至一个部落、乡村或居民委员会。我国自改革开放后大力开展的社区建设，即"属于小型社区范围，而不是城市或乡村社区。在农村仅指村民委员会，在城市是指居民委员会。"[①]从1991年开始，社区概念在我国首次被引入到实际工作中，由民政部作为主管部门开始在全国展开社区建设工作。2000年，中共中央办公厅、国务院办公厅转发了《民政部关于在全国推进城市社区建设的意见》。此后，全国各地的社区建设得到了前所未有的发展。[②]值得强调的是，社区作为一种群众性的居民自治组织，它并不是一级行政组织。上级政府与社区是指导与被指导的关系。但客观上由于社区的许多工作都与政府部门的业务直

① 于显洋：《社区概论》，北京：中国人民大学出版社，2006年，前言第14页。

② 同上。

接相关，所以受传统工作方式和思维方式的影响，社区居委会客观上出现了“行政化”的趋势，在某种程度上被当作了基层政府及各主管部门的下一级办事机构，不断被部署各种工作任务。因此，目前我国的社区建设，既不是单纯的政府行为，也不是单纯的民间行为，而是政府实施社会管理，推动社会发展和居民自治相结合的共同行为。

生态社区（ecological community）是一个在社区概念基础上发展起来的一个概念，也被称为绿色社区（green community）或可持续社区（sustainable community），强调人群聚落（“社”）和自然环境（“区”）的生态关系整合，是居民家庭、建筑、基础设施、自然生态环境、社区社会服务的有机融合。它是一种经由规划设计者、房地产开发商、政府部门、社区居民、物业管理部门（社区居委会）等各利益相关主体的协同努力所实现的一种“舒适、健康、文明、高能效、高效益、高自然度的、人与自然和谐以及人与人和谐共处的、可持续发展的居住社区。”①

生态社区的思想可谓是源远流长。中国传统文化中“天人合一”的思想，以及中国的风水学说关于住宅和聚居地的要根据外部的生态环境来构建的思想，可以说是生态社区思想的最初表达。在西方，英国社会学家霍华德在1898年提出了“花园城市”理论，认为人类居住的理想城市应该是良好的社会经济环境与美好的自然环境兼备的城市。这一理论被公认为生态社区思想的真正萌芽，标志着社区生态意识开始启蒙。20世纪20年代巴洛斯和波尔克等人提出了“人类生态学”，把生态学思想运用于人类聚落研究，生态社区思想的雏形开始形成。1967年美国的麦克哈格所著的《设计结合自然》首次将生态价值观带入城市设计，强调了自然环境因素在社区土地规划中的重要作用，这标志着作为生态社区建设之重要内容的生态建筑学开始形成。

20世纪70年代以来，人类的生态意识进一步觉醒。1972年斯德哥尔摩联合国人类环境会议发表了《人类环境宣言》，明确提出“人类的定居和城市化工作必须加以规划，以避免对环境的不良影响，并为大家取得社会、经济和环境

① 沙晶晶，王学华：《生态社区建设的战略环境评价初探》，《环境科学与管理》，2007第7期，第168～170页。

三方面的最大利益”，由此成为生态社区理论发展的重要里程碑。我国学者在1984年提出了社会—经济—自然复合生态系统理论以及生态控制论原则原理。进入21世纪后，中国人类居住地的建设有了更大的发展，中国对居住区的环境规划设计越来越重视，国家相应出台了很多居住区建设方面的政策和指导性文件，如《国家康居工程建设要点》、《小康型城乡住宅科技产业工程城市示范小区规划设计导则》（2000）、《绿色生态住宅小区建设要点与技术导则》（2001）等，这些措施的推出标志着中国居住区环境规划已经跨上新的台阶，正向生态社区环境规划方向发展。

二、建设生态社区的重要意义

借助当前我国政府大力推动社区建设的良好形势，借助民间方兴未艾的建设热情，全力推动构建生态型社区，对于建设生态文明，解决生态破坏及环境污染问题，将发挥着不可或缺的重大作用。

一方面，生态社区建设是消解城市化生态负效应的必要举措。改革开放30多年来，随着中国经济的快速发展以及城市化进程的急速推进，产生了极大的生态负效应：硬化面积增加，产流量增加，汇流时间减少，城市径流峰值加大，产生洪涝等问题；地下水过度开采，地面下沉，地下水位降低，海水倒灌，周边湿地系统退化；大量污染物质排入水体，超过收纳水体环境容量，导致城市水循环受到破坏，鱼虾等生物减少，甚至绝迹；大量固体废弃物产生，含有重金属等有害物质，由于人为管理不慎，或者垃圾填埋等原因，导致突然结构退化，且可能对周边生物有毒害效果；大量砍伐树木导致土壤沙化严重，风蚀现象突出，扬沙等天气时有发生。之所以出现这种状况，在很大程度上是由于传统的城市化进程对生态建设的忽视造成的。而这些负效应，不仅使城市居民生活质量急速下降，而且身心健康和生命安全都受到威胁和损害。作为一个典型的例子，2007年由于环境污染爆发的太湖蓝藻事件，就给整个无锡市居民饮水造成了极大的困难。因而，要解决这些问题，就必须积极推进生态社区建设。在这个意义上，推进生态社区建设是解决中国当前生态与环境问题的现实路径

与必然选择。可喜的是，不仅中国目前的经济发展为生态社区建设奠定了必要的物质基础，而且中国在生态示范区建设、小城镇建设以及新农村建设等方面所进行的有益探索，也为生态社区建设提供了宝贵的经验财富。

另一方面，生态社区建设是实践科学发展观和推进生态文明建设的应有之义。面对严峻的人口、资源环境和生态压力，以及发展中存在的一些突出问题，胡锦涛在2003年提出了科学发展观，强调要运用统筹兼顾的方法实现全面协调可持续发展。党的十七大报告中首次提出了生态文明的思想，强调要实现人、自然和社会三者可持续发展，“坚持生产发展、生活富裕、生态良好的文明发展道路，建设资源节约型、环境友好型社会，实现速度和结构质量效益相统一、经济发展与人口资源环境相协调，使人民在良好生态环境中生产生活，实现经济社会永续发展。”[①]科学发展观和生态文明建设的根本目标都是为了实现经济社会永续发展，都是为了实现人、自然和社会三者永续发展。生态社区建设正是在实践层面上落实科学发展观和推进生态文明建设的具体体现，旨在通过生态建设和社会建设相互促进的方法在社区的层次上实现人、自然和社会三者可持续发展。生态社区是人类对自身生存方式反思和变革的成果，同时也是解决中国面临的严峻资源、人口、环境和生态压力的必然选择。只有推进生态社区建设，才能实现人、自然和社会三者永续发展。

生态社区建设有利于实现生态建设、社会建设和人自身发展的统一，是缓解世界各国所面临严峻的人口、资源、环境和生态压力的必然选择，也是中国在推进城市化和工业化进程中的必然选择。

三、建设生态社区的具体路径

从我国具体实际出发，要加快生态社区建设，就必须依循如下路径：

第一，实施科学生态规划。建设生态社区的第一个环节是生态规划。严格生态规划，就是在进行社区规划时，要严格运用生态学原理，综合地、长远地

① 中共中央文献研究室：《十七大以来重要文献选编》，北京：中央文献出版社，2009年，第12页。

评价、规划和协调人与自然资源开发、利用和转化的关系，努力提高生态经济效率，以期在满足社会生产和消费不断增长需要的同时，保持并增进自然资源和自然环境的再生能力。这就是要求要根据本国、本区域或本地的自然、经济、社会条件和污染等生态破坏状况，因地制宜地研究确定本地区的生态建设性状指标，以确保资源的开发利用不超过该地区的资源潜力，不降低它的使用效率，保证经济发展和人类生存活动适应于生态平衡，使自然环境不发生剧烈的破坏性的变动。具体说来，就是要做到如下几点：合理确定城市和乡村使用土地资源的合理比例；合理确定城市内工厂、道路和住宅的用地比例；合理确定乡村地区农田、园地、道路和住宅的用地比例；合理确定人口容量、资源使用、经济发展规模和生活设施的数量指标等。

第二，建构科学的生态社区建设主体体系。在生态社区建设中，必须发挥各个主体的不同作用，建构科学的生态社区建设主体体系。一是政府应充分发挥所持有的行政、法律、财政等手段，承担起培育其他建设主体的重任，发挥主导作用。二是社区居民作为社区环境建设的主体和享有者，应从生态社区建设的大局出发、从可持续发展战略的高度积极地投身于社区建设，增强生态社区建设的责任感和紧迫感，自觉地端正参与态度、提高参与能力。三是作为政府与居民联系的纽带，社区内各非营利组织应在通过影响政府政策等方式推动获制约政府行为的同时，着力于以组织各种娱乐型、服务型、公益型活动团队或小组的形式来增强社区居民的生态意识以及对本社区的认同感。

第三，制定规范化的指标体系和评估体系。一方面，制定规范化的指标体系。目前我国所使用的生态社区评价系统，是建设部科学技术司于2001年5月组织相关专家编写的《绿色生态住宅小区建设要点与技术导则》。总体而言，这一导则所专注的是硬件方面，而对软件系统未予涉猎。因而，我们要制定规范化的生态社区指标体系就必须借鉴西方一些发达国家的评估体系，如美国的IEED以及荷兰的ECO−QUANTUM系统，以评价中心向边缘扩展过程中造成的生态环境破坏问题、交通对空气的污染问题等。另一方面，制定规范化的评估体系。要遵循独立性、针对性原则，本着清晰明确的基本要求，制定一个全面而富有弹性的评估体系。就内涵而言，指标体系不仅涵盖自然、社会、经济

三个方面，而且还应随着小区建设发展阶段与水平的推进而调整。一般而言，对处于开始建设阶段的生态小区要给予自然环境等基础绿化以较高的权重，而在已进入到一定发展阶段与与程度的生态小区要适当提高社会与经济的权重比例。就主体而言，指标体系不仅应涵盖政府、小区居民以及社会组织等多元主体，而且还应根据小区性质的不同而调整。一般而言，对城市旧城区，应赋予社区居民较多的权重，而对边缘小区和新建小区，则赋予政府与社会组织以更大的权重。

第四，建立健全保障机制。生态小区建设的保障机制主要包括法律控制机制与物质支撑机制。就生态小区建设的法律控制保障而言，就是要求政府运用法律手段，从立法与执法两个环节上落实对生态小区建设的法律保障。一方面做到有法可依，就是在现有的一系列生态管理法律的基础上，根据本地区具体的生态状况，有针对性地出台一些物业管理、社区生态管理整治等方面的法律法规。另一方面做到执法必严，重点是建立以社区为基础的执法监督机制，切实将已制定出的生态管理法律法规落到实处。就生态小区建设的物质支撑机制而言，就是要广筹生态建设资金，以为生态小区建设提供雄厚的资金支持。以往城市生态小区建设资金主要依靠政府拨款，随着经济的发展与城市化的推进，这种方式越来越不能满足生态建设的需要，这就要求充分调动并发挥其他生态建设主体的作用。一方面是加大开发商对小区生态建设的责任与义务，确保他们在开发前对生态建设许诺的实现，确保物业管理费中生态建设与维护费用的正确使用；另一方面充分调动社区内非营利组织生态建设的积极性，广筹社会资金以用于社区生态建设，发动生态建设志愿者的积极性，广泛开展生态建设宣传与实践活动，以期以最小的资金投入而获得最大的生态收益。

第四节　生态和谐社会的构建

人与自然的关系是以人与人及社会的关系为中介的。因而，要建设人与自然处于和谐关系之中的节约型社会、生态小康社会以及生态社区，就必须首先处理好人与人之间的关系，实现人与人之间关系的和谐，这就是要求构建生态和谐社会。

一、和谐社会及其生态维度

“和谐”是对立事物之间在一定的条件下的具体、动态、相对、辩证的统一，是不同事物之间相同相成、相辅相成、相反相成、互助合作、互利互惠、互促互补、共同发展的关系。和谐社会是人类孜孜以求的一种美好社会理想，中外历史上都产生过不少有关社会和谐的思想。而现代意义上的和谐社会，就是社会各成员、群体、阶层、集团之间相处融洽、协调，人与人之间相互尊重、信任和帮助，人与自然和谐共存的可持续发展社会。和谐社会就是一个良性运行和协调发展的社会。[1]和谐社会状态的显著特征就是人与人、人与社会、人与自然之间诸多元素实现均衡、稳定、有序、相互依存、共同发展。

社会主义和谐社会是马克思主义政党不懈追求的一种社会理想。进入21世纪后，党的十六大和十六届三中全会、四中全会，从全面建设小康社会、开创中国特色社会主义事业新局面的全局出发，明确提出构建社会主义和谐社会的战略任务，并将其作为加强党的执政能力建设的重要内容。党的十六大报告中更是第一次将“社会更加和谐”作为重要目标提出，意指一种和睦、融洽并且各阶层齐心协力的社会状态。2004年9月19日，党的十六届四中全会正式提出了“构建社会主义和谐社会”的概念。随后，在中国，“和谐社会”便常作为这一概念的缩略语。2005年以来，中国共产党提出将“和谐社会”作为执政的战略任务，“和谐”的理念要成为建设“中国特色的社会主义”过程中的价值取向。“民主法治、公平正义、诚信友爱、充满活力、安定有序、人与自然和谐相处”是和谐社会的主要内容。具体而言，社会主义和谐社会的和谐就是指：个人自身的和谐；人与人之间的和谐；社会各系统、各阶层之间的和谐；个人、社会与自然之间的和谐；整个国家与外部世界的和谐。可见，社会主义和谐社

---

① 傅治平：《和谐社会导论》，北京：人民出版社，2005年，第7页。

会有着民主法治、公平正义、诚信友爱、充满活力、安定有序、人与自然和谐相处等显著特征，其目标就是生产发展、生活富裕、生态良好。

显而易见，社会主义和谐社会内在地包含着生态维度。在这个意义上，我们也可以将社会主义和谐社会称作生态和谐社会。在这里，生态和谐社会无疑涵括着两重蕴含：其一是指与自然发生着和谐共生关系的社会；其二是指在生态问题上人与人之间实现了和谐关系的社会。

二、建设生态和谐社会的重要意义

建设生态和谐社会有着极其重大的意义：

第一，建设生态和谐社会是构建社会主义和谐社会的应有之义。正如马克思所言："人们奋斗所争取的一切，都同他们的利益有关。"[①]因而，要构建和谐社会，就必须调和人们的利益冲突。然而，在生态环境日益恶化、能源资源日趋匮乏的今天，人们之间的利益冲突在很大程度上在于他们相互之间的生态利益冲突。因而，在当今时代要想构建和谐社会，就必须调和人们相互之间的生态利益冲突。在生态问题上人与人之间实现了和谐关系的社会，就是要求第二重意义上的生态和谐社会。就此而言，建设生态和谐社会是构建社会主义和谐社会的应有之义。

第二，建设生态和谐社会是建设生态文明的必然要求。就其实质而言，生态文明就是指实现了人与自然之间关系和谐文明形态。然而，人与自然关系的和谐是以人与人之间关系和谐为条件的。正如马克思所言，"因为只有在社会中，自然界对人说来才是人与人联系的纽带，才是他为别人的存在和别人为他的存在，才是人的现实的生活要素；只有在社会中，自然界才是人自己的人的存在的基础。只有在社会中，人的自然的存在对他说来才是他的人的存在，而自然界对他说来才成为人。因此，社会是人同自然界的完成了的本质的统一……"[②]简而言之，人与自然之间的关系是以社会为中介的。因而，要实现生

① 马克思，恩格斯：《马克思恩格斯全集》，第1卷，北京：人民出版社，1956年，第82页。

② 马克思，恩格斯：《马克思恩格斯全集》，第42卷，北京：人民出版社，1979年，第122页。

态文明所倡导的人与自然关系的和谐，必然要求人与人之间实现和谐关系。鉴于此，我们说建设生态和谐社会是建设生态文明的必然要求。

第三，建设生态和谐社会是实现人的全面发展的必由之路。人的全面发展是指“人以一种全面的方式，……作为一个总体的人，占有自己的全面的本质”[①]。在这里，人的发展的全面性是指人从与自然、与他人及社会、与自己的全面关系中解放出来。而只有建设生态和谐社会，才能大力推进生态文明建设，从而形成人与自然的和谐关系，进而使人从与自然关系中解放出来；才能有效推进和谐社会的整体构建，从而形成于他人及社会的和谐关系，进而使人从与他人及社会的关系中解放出来；才能在具体的生产实践以及社会实践中摆脱人类中心主义以及利己主义观念，并形成生态文明意识和社会和谐意识，进而使人从与自己的关系中解放出来。只有建设生态和谐社会，才能不断促进人的全面发展。在这个意义上，建设生态和谐社会是实现人的全面发展的的必由之路。

三、建设生态和谐社会的具体路径

既然建设生态和谐社会有着如此重要性，我们就必须依循适当路径对其予以推进。

首先，践行生态正义。在其原初的意义上，生态和谐社会是指与自然发生着和谐共生关系的社会。因而，建设生态和谐社会首先是指建设与自然发生着和谐关系的社会，就是要践行生态正义。在这里，所谓生态正义，就是指鉴于生态自然对人类生存与发展所起到的不可或缺的本体作用而对其予以道德关怀和尊重的伦理意识；而践行生态正义的关键与核心就在于通过人的生态实践活动而实现人与自然之间共荣共生的和谐关系。在一定意义上，党的十七大所倡导的科学发展观就是生态正义的科学表达。用科学发展观的语言，践行生态正义的实践活动主要包括加强能源资源节约和生态环境保护、建设“资源节约型、环境友好型”社会、开发和推广先进生态技术、发展清洁能源和可再生能源、

① 马克思：《1844年经济学哲学手稿》，北京：人民出版社，2000年，第85页。

保护土地和水资源、建设科学合理的能源资源利用体系、发展环保产业、加强荒漠化石漠化治理以及促进生态修复等。

其次，推进生态公正。在第二重意义上，生态和谐社会就是指在生态问题上人们相互之间实现了和谐关系的社会。在这个意义上，构建生态和谐社会就是要推进生态公正，使不同的人群能够公平地享受生态利益。一方面，在共时的意义上，推进生态公正就是要在同时代的不同地域、不同收入的群体之间公平地分配生态利益。这就要求统筹个人和集体、局部和整体、发达地区与欠发达地区等方方面面的生态利益，在全国范围内各个地区、各个阶层、各个行业的人民群众中公平地分配生态利益、共担生态责任，在生态环境问题上相互合作、互通有无、取长补短、相互借鉴，从而在全国范围内形成和谐的社会关系。另一方面，在历时的意义上，推进生态公正就是要在不同时代的人中间实现生态利益分配的公平。这就是要求统筹当前与长远、当代人与后代人之间的生态利益。在生态领域无疑就是要求实现代际公平，就是要使不同时代的人们公平地享用环境资源、承担生态责任，当代人不能为了自己的眼前利益而过分地掠夺资源与破坏环境，剥夺后代人公平地享有自然生态的权利。唯其如此，才能通过维持宜居自然生态环境的持存而使得人类得以延续，并且使的后代人得以在前代人所创造的社会关系的基础上对其丰富性加以发展。

再次，实现社会公平。人与自然的关系是以人与他人及社会之间的关系为中介的。因而，要借由对生态正义的践行来实现人与自然之间的和谐关系，就必须首先满足公平正义这一中国特色社会主义的内在要求，“坚持维护社会公平正义”，实现人与人之间关系的和谐，这又要求实现利益——生态利益与社会利益的公平分配。这就是说，要建设生态和谐社会，不仅要推进人与人之间在生态利益分配问题上的生态公正，而且还要缩小贫富差距，实现在社会利益分配问题上的社会公平。就目前而言，我国收入差距拉大主要在于“第一次分配”——市场按照效率原则进行的分配造成的，市场竞争势必导致贫富分化、收入差距拉大。因而，要缩小贫富差距、实现社会公平就是要以第二次分配调节为主，发挥第三次分配中的作用：一方面，政府按照兼顾公平和效率原则、侧重公平原则进行再分配或第二次分配。面对收入差距，政府可以通过累进的个人所得税、财产税、遗产税和社会保障支出以及政策扶持等财税手段对过大的收入差距加以调节，并将一部分税收用于社会公益事业的发展，以保障社会弱势群体基本生活需求。另一方面，为了弥补第二次分配的不足，要大力发展慈善事业，依靠道德力量通过个人自愿捐赠进行第三次分配。要赋予捐款人以决定权，可以根据自己的意愿选择不同的慈善基金会，或在扶贫、救灾、教育等不同方面指定特定的捐赠用途；要进一步依法规范捐赠资金管理及使用，并对捐赠人员政治地位、道德宣传、社会认可、特殊待遇、养老保障等方面加以明确规定。

随着生态正义、生态公正以及社会公平的践行与推进，生态和谐社会进而生态文明的社会建设进程必将得以大幅推进。

第八章 生态文明的环境建设

生态文明的环境建设是在生态文明观的指导下，有意识地保护自然资源并使其得到合理的利用，防止人类赖以生存和发展自然环境受到污染和破坏，同时对受到污染和破坏的环境必须做好综合治理，建设适合于人类生活和工作的环境，促进经济和社会的可持续发展。生态文明的环境建设包括对天然自然的保护和人工自然的合理建设。当前，要加强对生态和自然资源的保护，积极开展非固态环境污染和固态环境污染的防治，建设美丽地球。

第一节 生态保护

生态环境问题随着人类社会的进程，已由局部转向全球，形成全球化特征，而且出现了范围扩大、难以防范、危害严重的特点。自然环境已难以承受高速工业化、人口剧增和城市化的巨大压力，不仅发生了区域性的环境污染和大规模的生态破坏，而且出现了全球气候变化、臭氧层耗损与破坏、生物多样性减少、酸雨蔓延、城市热岛效应等大范围的全球性的生态环境危机，严重威胁着全人类的生存和发展。

一、全球气候变暖

尽管对全球气候变暖问题有不同的看法，但全球变暖已超出了气候问题的范围，成为一个全球性的政治问题。以变暖为主要特征的全球气候变化，是当今国际社会的热点话题，是人类社会面临的共同挑战。由于人类活动的影响，全球大气二氧化碳、甲烷等温室气体浓度显著增加，温室气体大量排放，使全球气候变暖。据资料显示，20世纪后半叶北半球平均气温是过去1300年中最为暖和的50年；过去100年间，世界平均气温上升了0.74℃；最近50年间气温上升的趋势是过去100年间的两倍左右；全球范围冰川大幅度消融；世界各地暴雨、洪水、干旱、台风、酷热等气象异常事件频发；20世纪中，全球平均海平面上升了17厘米。这种趋势如不扭转，意味着到21世纪末，全球气温将上升4℃，海平面将上升60厘米。联合国有关报告指出，如果气温持续上升，到2085年，海平面将上升15～95厘米，造成30%的沿海建筑被海水淹没，同时非洲大陆1/3的生物种类将灭绝，5000多种植物中，有约80%会因为气候变暖而退化。

近百年来，中国的年平均气温升高了0.5～0.8℃，略高于同期全球增温平均值，近50年变暖尤其明显。近50年中国西北冰川面积减少了21%，西藏冻土最大减薄了4～5米。据预测，未来50～80年中国平均气温可能上升2～3℃。气候变暖趋势加剧将造成中国境内极端天气与气候事件发生的频率可能性增大，干旱区范围可能扩大，荒漠化可能性加重，沿海海平面继续上升，青藏高原和天山冰川加速退缩，一些小型冰川消失。

全球性的气候变暖，不仅会造成自然环境和生物区系的变化，并对生态系统、经济和社会发展以及人类健康和福利都将产生重大的有害影响。气候变化已成为人类社会可持续发展面临的重大挑战。全球气候变暖既有自然因素，也有人为因素。在人为因素中，主要是由于工业革命以来人类活动特别是发达国家工业化过程的经济活动引起的。化石燃料燃烧和毁林、土地利用变化等人类活动所排放温室气体导致大气温室气体浓度大幅增加，温室效应增强，从而引起全球气候变暖。美国橡树岭实验室的研究报告说：“自1750年以来，全球累计排放了1万多亿吨二氧化碳，其中发达国家排放约占80%。”

全球气候变化问题引起了国际社会的普遍关注。《联合国气候变化框架公约》于1992年通过，确立了发达国家与发展中国家“共同但有区别的责任”原

则；1997年通过的《京都议定书》，确定了发达国家2008—2012年的量化减排指标；2007年12月达成的《巴厘岛路线图》，则确定就加强《联合国气候变化框架公约》和《京都议定书》的实施分头展开谈判，并于2009年12月在哥本哈根举行的缔约方会议上达成了协议。2012年多哈会议将《京都议定书》承诺期延长到2020年12月31日，并确定了在2015年前达成新的全球气候协议。

面对气候变化的严峻挑战，中国展示出一个负责任的大国形象。1992年，全国人大常委会批准《联合国气候变化框架公约》；2002年，国务院核准《京都议定书》；2007年，中国成立国家应对气候变化领导小组，负责制定国家应对气候变化的重大战略、方针和对策，协调解决有关重大问题；同年6月，国务院发布《中国应对气候变化国家方案》；环境保护法、节约能源法、可再生能源法、清洁生产促进法、循环经济促进法、煤炭法等一系列法律的贯彻实施，有效推动气候变化的应对。

当前，中国政府已将应对气候变化纳入国民经济和社会发展规划，把控制温室气体排放和适应气候变化目标作为各级政府制定中长期发展战略和规划的重要依据，落实到地方和行业发展规划中。中国正通过调整经济和产业结构、优化能源结构、节约能源、提高能效、发展可再生能源和核电、植树造林等方面的一系列政策和措施，尽可能减少温室气体排放。应对全球气候变暖的中国行动正向世人展示成效。[①]党的十八大报告表达了中国达到一惯立场和信心：坚持共同但有区别的责任原则、公平原则、各自能力原则，同国际社会一道积极应对全球气候变化。

二、臭氧层耗损与破坏

臭氧是地球大气层中的一种微量气体，由3个氧原子结合在一起的蓝色、有刺激性气味的气体。臭氧层距地球表面25～50千米处，总厚度3毫米左右，它能吸收太阳辐射出的99%紫外线，使地球万物免遭紫外线的伤害，被誉为地球

① 袁祥应：《应对全球气候变暖的中国行动》，光明日报，2009年8月25日，第5版。

的“保护伞”。

1985年，英国科学家在南极哈雷湾观测站发现，在过去10～15年，每到春天南极上空的臭氧浓度就会减少约30%，有近95%的臭氧被破坏，高空的臭氧层已极其稀薄，与周围相比像是形成一个“洞”。美国、日本、英国、俄罗斯等国家曾联合观测发现，2000年来，北极上空臭氧层也减少了20%。观测发现，在被称为世界“第三极”的青藏高原上空的臭氧正在以每10年2.7%的速度减少。日本气象厅利用美国航天局的卫星观测数据，发现2011年9月2日南极上空臭氧层空洞面积已达2550万平方千米，是南极洲面积的约1.8倍。除赤道外，1978—1991年全球总臭氧每10年就减少1%～5%。①

臭氧层遭到破坏，使地面受到紫外线辐射的强度增加，给地球上的生命带来巨大的危害：使人类皮肤癌发病率增高；伤害眼睛，导致白内障而使眼睛失明；抑制植物如大豆、瓜类、蔬菜等的生长；强紫外线穿透10米深的水层，杀死浮游生物和微生物，危及水中生物的食物链和自由氧的来源，影响生态平衡和水体的自净能力。

自20世纪70年代提出臭氧层正在受到耗蚀的科学论点以来，联合国环境规划署意识到，保护臭氧层应作为全球环境问题，需要全球合作行动，并将此问题纳入议事日程，召开了多次国际会议，为制定全球性的保护公约和合作行动作了大量的工作。1977年，通过了《臭氧层行动世界计划》，并成立“国际臭氧层协调委员会”。1985年签署了《保护臭氧层维也纳公约》。1987年9月，36个国家和10个国际组织的140名代表和观察员在加拿大蒙特利尔集会，通过了大气臭氧层保护的重要历史性文件《关于消耗臭氧层物质的蒙特利尔议定书》。1990年通过《关于消耗臭氧层物质的蒙特利尔议定书》伦敦修正案，1992年通过了哥本哈根修正案，其中受控物质的种类再次扩充，完全淘汰的日程也一次次提前，缔约国家和地区也在增加。到目前为止，缔约方已达165个之多，反映了世界各国政府对保护臭氧层工作的重视和责任。不仅如此，联合国环境署规划还规定从1995年起，每年的9月16日为“国际保护臭氧层日”，以增加

① 李秀文：《保护臭氧层，我们共同的责任》，长治日报，2012年8月1日，第B3版。

世界人民保护臭氧层的意识，提高参与保护臭氧层行动的积极性。

臭氧层面临的危机已经引起了我国政府的高度重视。中国政府早在1987年就加入了《蒙特利尔议定书》协议，限制或削减氟里昂的使用已列为我国环境保护的重点工作之一。我国正在采取多种切实可行的措施削减氟里昂的使用。例如：改变城市能源结构，增加核能和可再生能源的使用比例，提高能源使用率，减少森林破坏等。我国积极参与了国际保护臭氧层合作，并制定了《中国逐步淘汰消耗臭氧层物质国家方案》，保护大气臭氧层"补天"行动在中国正迅速展开。

三、生物多样性减少

生物多样性是人类社会赖以生存和发展的环境基础，生物多样性不仅能为人类提供丰富的自然资源，满足人类社会对食品、药物、能源、工业原料、旅游、娱乐、科学研究、教育等的直接需求，而且能维持生态系统的功能、调节气候、保持土壤肥力、净化空气和水，从而支持人类社会的经济活动和其他活动。生物多样性是环境好坏的指示灯，生物多样性越丰富，生态环境越稳定，受破坏的机会越少。科学上描述过的地球物种约140万种，其中脊椎动物4万余种、昆虫75万种、高等植物25万种，其他为无脊椎动物真菌和微生物等。

工业革命以来的近200年，伴随着人口数量膨胀和经济快速发展，野生动植物的种类和数量以惊人的速度减少。联合国有关报告显示，1970—2000年，物种的平均数量丰富性持续降低了约40%，内陆水域物种降低了约50%，而海洋和陆地物种均降低了约30%。对全球两栖动物、非洲哺乳动物、农田鸟类、英国蝴蝶、加勒比海和印度太平洋珊瑚及常见捕捞鱼类物种的研究表明，多数物种出现数量减少。约有12%～52%的物种面临灭绝的危险。在今后二三十年内，地球上将有1/4的生物物种陷入绝境；到2050年，约有半数动植物将从地球上消失。每天有50～150种、每小时有2～6种生物灭绝。

中国是世界上物种最丰富的国家之一，拥有森林、灌丛、草甸、草原、荒漠、湿地等地球陆地生态系统，以及黄海、东海、南海、黑潮流域大海洋生态系；拥有高等植物34984种，居世界第三位；脊椎动物6445种，占世界总种数的13.7%；已查明真菌种类1万多种，占世界总种数的14%。但物种受威胁的情况也是惊人的，是世界上生物多样性丧失最严重的地区之一。约有5000种植物处于濒危状态，约占中国高等植物总数的20%；约有398种脊椎动物处在濒危状态，约占中国脊椎动物总数的7.7%。据估计，我国的植物物种中约15%～20%处于濒危状态，高于世界10%～15%的平均水平。

生物多样性是地球上生命的基础，也是可持续发展的支柱之一。如果没有生物多样性，人类难以感受到树林的绿意，还可能失去空气、食物和水。而在过去的半个多世纪，人类活动对生物多样性造成了前所未有的破坏。地球上的生物种类正在以相当于正常水平1000倍的速度消失。全世界目前约有3.4万种植物和5200多种动物濒临灭绝。这种情况对生态系统、社会经济和人类生活都造成了严重损害。

人类活动造成生态环境急剧恶化，物种丧失速率不断增加，引起了国际社会的广泛关注。为保护物种，20世纪70年代国际社会签署了诸如《濒危野生动植物国际贸易公约》、《关于特别是作为水禽栖息地的国际重要湿地公约》等一系列有关物种资源保护的条约。20世纪80年代后期，国际社会开始进行《生物多样性公约》的政府间谈判，并于1992年5月22日内罗毕会议上达成《生物多样性公约》文本，随后于1992年6月5日在巴西里约热内卢"联合国环境与发展大会"签署。1993年12月29日，公约正式生效。目前，公约有193个缔约国。1994年12月，联合国大会通过决议，将每年的12月29日定为"国际生物多样性日"。2001年，第55届联大通过第201号决议，将"国际生物多样性日"改为5月22日。当下，国际履约方面有多个热点问题，包括：生物遗传资源获取和惠益分享、与遗传资源相关的传统知识获取及惠益分享、转基因生物体越境转移造成损害的赔偿责任和补救、生物多样性和气候变化、自然保护区、外来入侵物种以及生物燃料生产对生物多样性的影响等。

中国政府积极参与了各项全球保护行动，也是国际生物多样性保护运动的积极支持者。从《生物多样性公约》起草到《生物多样性公约》签署，我国都走在前列，在国际上树立了良好的形象。生物多样性保护在国家总体发展定位

中已放到了重要的位置。国家“十二五”规划纲要将生物多样性保护列为重要任务之一,《全国主体功能区规划》也特别将生物多样性保护列为国家重点生态功能区的4种类型之一，并在限制开发区中划分出8个生物多样性保护类型的国家重点生态功能区。截至2011年底，我国已经建立国家级自然保护区335个。自然保护区总数已达到2640个(不含港澳台地区)，总面积为149万平方千米，陆地自然保护区面积约占国土面积的14.93%。生物多样性保护进一步加强。此外，我国还建立了国家生物物种资源数据库和信息平台，收录近14万条编目数据。[①]我国正按照“共同但有区别的责任”原则，认真履约，担负起大国的应尽之责，共同呵护地球家园。

四、酸雨蔓延

酸雨肆虐是跨越国界的全球性灾害，素有“空中死神”之称。雨水中溶解了大气中的二氧化硫等酸性气体，表现出明显的酸性（一般指pH < 5.6），形成酸雨。酸雨具有很大的破坏力，会使土壤酸性增强，导致大量农作物与牧草枯死；破坏森林生态系统，使林木生长缓慢，森林大面积死亡；使河水、湖水酸化，微生物和以微生物为食的鱼虾大量死亡，成为“死河”、“死湖”；酸雨还会渗入地下，致使地下水长时期不能利用；会对桥梁楼屋、船舶车辆等造成严重侵蚀；还会对人体健康造成严重危害。

世界上主要有三大酸雨区：欧洲、北美（包括美国和加拿大在内）和中国。以德国、法国、英国等国为中心，波及大半个欧洲的北欧酸雨区；包括美国和加拿大在内的北美酸雨区。这两个酸雨区的总面积约1000多万平方千米。我国酸雨区覆盖四川、贵州、广东、广西、湖南、湖北、江西、浙江、江苏和青岛等省市部分地区，面积达200多万平方千米。

由于欧洲地区土壤缓冲酸性物质的能力弱，酸雨使欧洲30%的林区因酸雨的影响而退化。在北欧，由于土壤自然酸度高，水体和土壤酸化都特别严重，

---

① 《国际生物多样性日：保护生物多样性，我们在行动》，中华网，2012年5月24日。

有些湖泊的酸化导致鱼类灭绝。美国国家地表水调查数据显示，酸雨造成了75%的湖泊和大约一半的河流酸化。加拿大政府估计，加拿大43%的土地（主要在东部）对酸雨高度敏感，有1.4万个湖泊是酸性的。水体酸化会改变水生生态，而土壤酸化会使土壤贫瘠化，导致陆地生态系统的退化。

在中国，大面积的国土境内正面临着逐年加重的酸雨污染袭击。酸雨区由20世纪80年代的西南局部地区发展到现在的西南、华南、华中和华东4个大面积的酸雨区，酸雨覆盖面积已占国土面积的30%以上，我国已成为继欧洲、北美之后的世界第三大重酸雨区。据最近一项研究指出，中国国内有超过250个城市均受到不同程度的酸雨污染，由此导致的直接经济损失年平均达到近100亿元人民币，其经济规模相当于中国国内生产总值的3%左右。[①]而且中国国内的地区性酸雨污染正面临失控的威胁，特别是在中国南方一些城市情况堪忧。

酸雨的危害已引起世界各国的普遍关注。联合国多次召开国际会议讨论酸雨问题。许多国家把控制酸雨列为重大科研项目，全世界已有40多个国家通过有关污染限制汽车排污。1993年在印度召开的“无害环境生物技术应用国际合作会议”上，专家们提出了利用生物技术预防、阻止和逆转环境恶化，增强自然资源的持续发展和应用，保持环境完整性和生态平衡的措施。日本中央电力研究所、美国煤气研究所、捷克的科学家都纷纷投入研究。最近，日本财团法人电力中央研究所开发出的利用微生物脱硫的新技术，可除去70%的无机硫，还可减少60%的粉尘。

中国也正在积极应对酸雨污染问题。环保部决定在长三角、珠三角、京津冀三大区域和成渝、辽宁中部、山东半岛、武汉、长株潭、海峡西岸6个城市群启动“十二五”重点区域大气污染联防联控规划编制工作。同时，根据总量减排与大气环境质量改善之间的响应关系，建立起以空气质量改善为核心的总量控制方法，实施二氧化硫、氮氧化物、颗粒物、挥发性有机污染物等多污染物的协同减排；打破地方行政区划界限，将区域大气环境作为整体进行统一协调和管理，构建“统一规划、统一监测、统一监管、统一评估、统一协调”的

① 卞苏徽：《以政府转型带动经济发展方式转变》，《特区实践与理论》，2010年第6期，第44～47页。

区域联防联控工作机制。[①]对区域大气环境有重大影响的电厂、石化、钢铁、水泥等建设项目，将实施重大项目环评会商机制，探索有利于区域大气联防联控的新机制和新模式。

五、城市热岛效应

城市热岛效应是指城市中的气温明显高于外围郊区的现象。在近地面温度图上，郊区气温变化很小，而城区则是一个高温区，就像突出海面的岛屿，由于这种岛屿代表高温的城市区域，所以就被形象地称为城市热岛。城市热岛效应使城市年平均气温比郊区高出1℃，甚至更多。夏季，城市局部地区的气温有时甚至比郊区高出6℃以上。此外，城市密集高大的建筑物阻碍气流通行，使城市风速减小。由于城市热岛效应，城市与郊区形成了一个昼夜相同的热力环流。

近年来，随着城市建设的高速发展，由于城市人口集中，工业发达，交通拥塞，大气污染严重，且城市中的建筑大多为石头和混凝土建成，它的热传导率和热容量都很高，加上建筑物本身对风的阻挡或减弱作用，可使城市年平均气温比郊区可高2℃，甚至更多，在温度的空间分布上，城市犹如一个温暖的岛屿，城市热岛效应也变得越来越明显。原则上，一年四季都可能出现城市热岛效应。但是，对居民生活和消费构成影响的主要是夏季高温天气下的热岛效应。为了降低室内气温和使室内空气流通，人们使用空调、电扇等电器，而这些都需要消耗大量的电力。如目前美国1/6的电力消费用于降温目的，为此每年需付电费400亿美元。高温天气对人体健康也有不利影响，容易导致烦躁、中暑、精神紊乱等症状；特别是使心脏、脑血管和呼吸系统疾病的发病率上升，死亡率明显增加。据统计，到目前为止，世界上在1000多个不同规模的城市中出现了城市热岛现象。

随着全球城市化、工业化进程的加快，城市热岛效应越来越明显，严重影响着城市生态环境和城市居民生活，引起了各国政府的高度重视和广泛的关注。

① 梁嘉琳：《我国大气防治重点新增四城市群》，经济参考报，2012年5月14日，第7版。

二氧化碳是引起全球气候变化的最主要的温室气体之一，控制二氧化碳排放，对那些已经显现热岛效应的城市而言，被提到议事日程上。2005年2月16日，由联合国发起的《京都议定书》正式生效。按照《京都议定书》的协定，发达国家必须在2008—2012年，将以二氧化碳为主的温室气体排放水平从1990年的基础上平均减少5.2%。减少二氧化碳排放量，是必须履行的义务，对所有加入这一协定的国家及地区具有约束力。但根据《京都议定书》的安排，在第一阶段，减排仅仅针对发达国家，发展中国家暂时豁免。

作为发展中国家，我国目前在二氧化碳等温室气体的排放上，还不存在排放总量的硬约束。中国是一个大国，由于种种原因，减排或者控制二氧化碳排放，是必然的选择，特别是在《京都议定书》到期后，中国将面临减排二氧化碳的巨大压力，因此中国必须及早开展减排二氧化碳。近几年我国政府从源头抓起，减少二氧化碳的产生量，从治理抓起，减少二氧化碳的排放量。到“十一五”末，全国二氧化硫、化学需氧量排放量分别比2005年下降14.29%和12.45%，均超额完成“十一五”规划提出的两项主要污染物排放量分别下降10%的减排目标。[①]“十二五”规划又将削减氮氧化物和氨氮排放量作为约束性的减排指标，彰显了党和政府进一步改善环境质量的决心。

第二节　自然资源保护

自然资源是指自然界天然存在、未经人类加工的资源，如土地、水、生物、能量和矿物等。即是指在一定时间条件下，能够产生经济价值以提高人类当前和未来福利的自然环境因素的总和。在人类向自然开发和索取的过程中，忽视了人与生态系统的和谐性和统一性，逐步酿成了一系列生态灾难。因此，树立尊重自然、顺应自然、保护自然的生态文明理念，保护存在于自然界的没有为人类所利用的一切自然资源，建立人类社会最适合生活、工作和生产的环境，

① 孙秀艳，武卫政：《保护生态，为了百姓健康——十六大以来民生领域发展成就述评之八》，人民日报，2012年9月3日，第1版。

是实现中华民族永续发展的必然选择。

一、森林锐减

森林与人类息息相关。人类文明初期地球陆地的2/3被森林所覆盖，约为76亿公顷。1万年前，森林面积减少到62亿公顷，占陆地面积的42%。19世纪减少到55亿公顷，世界各地依然到处都能见到森林。进入20世纪以后，人类对森林的破坏达到了十分惊人的程度。至今全球森林覆盖率仅为30%，总面积40多亿公顷。无节制的砍伐和自然灾害正在导致全球森林面积逐年减少，每年有近1300万公顷的森林被砍伐，每年约有730万公顷热带密闭林被开垦作农田，约有380万公顷稀疏林被用做耕地或作为薪柴砍伐。全球森林资源处于危险边缘，其中热带雨林正以惊人的速度从地球上消失，已有70%被毁掉。森林破坏带来了二氧化碳排放增加、物种减少、水土流失，气候失调，旱涝成灾等严重的后果。

中国曾经是一个森林资源丰富的国家，在4000年前的远古时代，森林覆盖率高达60%以上。但是随着人口的增加，加上战乱、灾荒、开荒、开矿、放牧等人为活动，森林资源日趋减少。战国末期森林覆盖率为46%，唐代约为33%，明初为26%，1840年前后约降为17%，20世纪初期降为8.6%。目前，中国森林面积为17490.92万公顷，森林覆盖率为18.21%，森林面积占世界第5位，人均森林面积约0.12公顷，仅相当于世界人均水平的11.7%，居世界第119位，为世界人均占有森林资源最低的国家之一；森林蓄积量为10亿立方米，相当于世界人均水平的12.6%，居世界第104位，属于森林资源贫乏的国家之一；而且原始森林在以每年4000平方千米的速度减少。①

全球森林明显减少的趋势引起了国际社会的警醒。1971年，在欧洲农业联盟的特内里弗岛大会上，由西班牙提出“世界森林日”倡议并得到一致通过。同年11月，联合国粮农组织正式予以确认。1972年3月21日为首次“世界森

① 程恩富，王新建：《中国可持续发展回顾与展望》，人民网：理论频道，2009年11月25日。

林日”。而今，除了植树，“世界森林日”广泛关注森林与民生的更深层次的本质问题。1992年在巴西里约联合国环境与发展大会上签署了《森林问题原则声明》，联合国可持续发展委员会分别于1994年和1997年成立了政府间森林工作组和政府间森林论坛。2000年，联合国又成立了联合国森林论坛，旨在形成共识，维护和增加森林覆盖面积，扭转森林资源日益减少的趋势。

1979年2月，五届人大六次会议决定，将每年的3月12日定为中国的植树节。近年来，我国政府确立了以生态建设为主的林业发展战略，开展大规模植树造林，加强森林资源管理，启动森林生态效益补偿制度，多管齐下拯救森林资源，实现了由持续下降到逐步上升的历史性转折。国家林业局2009年11月17日发布的第七次全国森林资源清查结果表明，我国森林资源进入了快速发展时期。全国森林面积1.95亿公顷，森林覆盖率20.36%，森林蓄积137.21亿立方米。人工林保存面积0.62亿公顷，蓄积19.61亿立方米，人工林面积继续保持世界首位。

二、草地退化

自然界各类草原、草甸、稀树干草原等统称为草地。草地多年生长草本植物，可供放养或割草饲养牲畜。草地约占世界陆地面积的20%，主要分布在各大陆内部气候干燥、降水较少的地区。草地上生产了人类食物量的11.5%，以及大量的皮、毛等畜产品，还生长许多药用植物、纤维植物和油料植物，栖息着大量的野生动物。

我国现有草地面积3.9亿公顷，仅次于澳大利亚，居世界第二位。但人均占有草地仅为0.33公顷，约为世界平均水平的一半。我国草地质量不高，低产草地占61.6%，中产草地占20.9%，全国难以利用的草地比例较高，约占草地总面积的5.57%。草地生产能力低下，平均每公顷草地生产能力约为7.02畜产品单位，仅为澳大利亚的1/10、美国的1/20、新西兰的1/80。近年来，由于长期超载过牧，过度使用，加上气候干旱、人为采樵、滥挖滥猎，破坏草地植被，致使草地严重退化并逐步沙化。目前，90%的草地已经或正在退化，其中

中度退化程度以上（包括沙化、碱化）的草地达1.3亿公顷，并且每年以200万公顷的速度递增。北方和西部牧区退化草地已达7000多万公顷，约占牧区草地总面积的30%。据调查表明，内蒙古草原面积为7491.85万公顷，比20世纪60年代减少1003.43万公顷。草地退化不但使牲畜失去“粮食”，更严重的是导致水土严重流失、江河湖泊断流干涸、虫鼠灾害频繁、沙尘暴愈演愈烈，大气中的煤烟型悬浮颗粒物、酸雨、水源污染、臭氧层破坏、温室效应等都直接间接危害草原生态。

草地退化是世界各国普遍面临的重要问题，退化后的草地的恢复与重建成为当前各国重视的焦点之一。为了使退化的草地尽快得到恢复与重建，我国早在2002年就颁发了《关于加强草原保护与建设的若干意见》，2003年新修订的《草原法》正式实施。近年来，国家对草原保护建设的投入大幅度增加，先后实施了天然草原植被恢复与建设、牧草种子基地、草原围栏、退牧还草、育草基金、草原防火、草原治虫灭鼠等建设项目，取得了良好的生态、经济和社会效益。通过项目建设，草原植被得到恢复，防风固沙和水土保持能力显著增强，项目区草原生态环境明显改善。截至2011年底，全国累计种草保留面积1044.7万公顷，其中改良草地面积306.1万公顷。2011年，全国草原围栏面积701.1万公顷，禁牧草原面积0.95亿公顷，推行草畜平衡面积1.44亿公顷。[①]

三、湿地减少

湿地是指天然或人工、长久或暂时的沼泽地、湿原、泥炭地或水域地带，带有静止或流动，或为淡水、半咸水或咸水水体者，包括低潮时水深不超过6米的水域。湿地是自然资源和生态环境的重要组成部分，对促进可持续发展战略和保护人类生存环境具有重要意义。湿地与森林、海洋并称为全球三大生态系统，具有维护生态安全、保护生物多样性等功能。人们把湿地称为“地球之肾”、天然水库和天然物种库。湿地是全球价值最高的生态系统，据联合国环境

① 中华人民共和国农业部：《2011年全国草原监测报告》，农民日报，2012年4月9日，第6版。

规划署的研究数据表明，1公顷的湿地生态系统每年创造的价值高达1.4万美元，是热带雨林的7倍，是农田生态系统的160倍。湿地的重要功能之一是净化水源，由生物和泥土对污染物进行吸附、分解。但现在由于环境污染，许多湿地植物因承受不了严重污染而死掉，使湿地净化水源的作用几乎丧失殆尽，污染物质积存在底泥中。

我国是湿地大国。据2008年统计，我国湿地齐全、数量丰富，除苔原湿地外，其余类型均有分布。现有100公顷以上的28类湿地，总面积3848万公顷，其中自然湿地3620万公顷，包括滨海湿地594万公顷、河流湿地821万公顷、湖泊湿地835万公顷、沼泽湿地1370万公顷，位居亚洲第一、世界第四。由于对湿地的盲目围垦和改造，我国湿地面积大幅度减少。统计表明，20世纪50年代以来，沿海滩涂湿地面积已减少50%。湿地生物资源和水资源的不合理利用，造成许多湿地物种灭绝，湿地功能退化和生物多样性衰退。尤其是湿地严重污染已成为我国湿地生态系统面临的最严重威胁之一。大量未经处理的“三废”直接向湿地水体排放，严重污染河湖水体；农药及化肥的大量使用，使湿地水质和农田土质严重恶化。从而破坏了湿地生态系统丰富的生物资源和生物生产力，使得湿地生态环境恶化，生物多样性受损。

世界自然基金会的调查显示，长江中下游地区湿地面积呈急剧萎缩趋势，原先100多个通江湖泊如今只剩下3个——洞庭湖、鄱阳湖、石臼湖。其直接后果是江湖生态系统遭到严重破坏，防洪蓄洪能力大大降低。湿地的减少直接威胁着人类的生存，甚至有人预言，我们地球又面临恐龙灭绝时代的物种大灭绝。

近几十年来环境灾难越来越频繁出现，国际社会更加意识到保护湿地的紧迫性。1954年湿地国际应运而生，总部设在荷兰瓦格宁根，在全球、区域和国家开展工作，致力于湿地保护与合理利用，实现可持续发展。1971年又开始相继签订《关于特别是作为水禽栖息地的国际重要湿地公约》(以下简称《湿地公约》)，《湿地公约》1975年生效，现在拥有159个缔约国。为提高人们保护湿地的意识，1996年《湿地公约》常务委员会第19次会议决定，从1997年起，将每年的2月2日定为“世界湿地日”，每年的这一天都将举行一系列的纪念

活动。

随着人们对湿地保护认识的提高，我国于1992年加入《湿地公约》，我国湿地自然保护区建设和管理得到了进一步的重视和发展。截至2011年5月底，我国国家级湿地自然保护区共91个，总面积为26.38万平方千米，占全国国家级保护区总面积的29%，占我国国土面积的2.5%。根据《全国湿地保护工程规划》确定的目标，到2010年使我国50%的自然湿地、70%的重要湿地得到有效保护；2030年，90%的重要湿地得到有效保护。但从实际情况看，并没有达到预期目标。资料显示，国家级湿地保护区保护成效堪忧，91个国家级湿地保护区中只有19个保护成效优良，而保护成效较差的则达44个，成效较差的面积更达保护区总面积的79%。我国保护区应尽快从仅重数量的"抢救性圈地"转向重质量的科学化管理。

四、土地荒漠化

土地荒漠化是指在干旱、半干旱和某些半湿润、湿润地区，由于气候变化和人类活动等各种因素所造成的土地退化，包括土地沙化、水土流失、植被退化等。它使土地生物和经济生产潜力减少，甚至基本丧失。土地荒漠化被称作"地球的癌症"。荒漠化不仅是生态问题，也是经济问题，它意味着土地退化、生态恶化，也意味着经济衰退和人们生活质量的倒退。全球每年有600万公顷的土地变为荒漠。全球共有干旱、半干旱土地50亿公顷，其中33亿公顷遭到荒漠化威胁。人类文明的摇篮——底格里斯河、幼发拉底河等流域，都由沃土变成了荒漠。据联合国公布的数字，不当的人类活动以及气候变化导致占全球干旱地区41%的土地不断退化，荒漠面积逐渐扩大。目前，全球有110多个国家、共10亿多人正遭受土地荒漠化的威胁，其中1.35亿人面临流离失所的危险。全球每年因土地荒漠化造成的经济损失超过420亿美元。

中国是世界上荒漠化和沙化面积大、分布广、危害重的国家之一，严重的土地荒漠化、沙化威胁着我国生态安全和经济社会的可持续发展，威胁中华民族的生存和发展。据统计，中国荒漠化土地263.6万平方千米，石漠化面积

12.96万平方千米，两者加在一起约占国土面积陆地面积的28.8%。中国有约4亿人口受到荒漠化影响，每年因荒漠化造成的直接经济损失约520亿元。土地沙化、水土流失是中国当前荒漠化中最为严重的生态、环境问题。中国沙化土地每年以3000多平方千米的速度在扩展。2005—2011年，我国发生在坡耕地上的石漠化土地增加了65.15万亩，年均增加10.86万亩，其中失去耕种条件的面积为42.93万亩，年均以7.15万亩的速度弃耕，坡耕地质量进一步下降。专家分析，我国每年因荒漠化造成的直接经济损失达1200亿元。不断扩展的沙化使得生态问题越来越严重，造成了可利用土地被蚕食、土壤贫瘠、生产力下降等问题，给国民经济和社会发展造成了极大危害。

荒漠化早已引起国际社会的严重关注。早在1975年，联合国大会就通过决议，呼吁全世界与荒漠化作斗争。1977年，联合国在肯尼亚首都内罗毕召开世界荒漠化问题会议，提出全球防治荒漠化的行动纲领。1994年11月14日，包括中国在内的100多个国家在巴黎签署《国际防治荒漠化公约》。1994年12月，第49届联大正式通过决议，决定从1995年起将每年的6月17日定为“世界防治荒漠化和干旱日”；1996年12月，《联合国防治荒漠化公约》正式生效，为世界各国和各地区制定防治荒漠化纲要提供了依据。荒漠化治理是一项长期复杂的工程，需要国际社会坚持不懈的努力。近年来，许多国家已经逐渐意识到土地荒漠化所带来的问题。在国际社会特别是联合国有关机构帮助下，不少国家将防治土地荒漠化、保护生态环境作为国家可持续发展的重要内容，根据国情制订并实施了防治荒漠化的具体计划，在防治荒漠化领域取得一定成果。

多年来，中国十分重视防沙治沙工作。我国于1994年10月14日签署《联合国防治荒漠化公约》，并于1997年2月18日交存批准书，《联合国防治荒漠化公约》于 1997年5月9日对中国生效。2001年8月通过公布了《中华人民共和国防沙治沙法》，自2002年1月1日起施行。进入21世纪，我国荒漠化和沙化监测工作步入了科学化、规范化和制度化的轨道。2004年，通过实施以生态建设为主的林业发展战略，我国荒漠化和沙化整体扩展趋势得到初步遏制，实现了“治理与破坏相持”。2009年6月，第三次全国荒漠化沙化监测结果显示，我国防沙治沙出现了历史性转折——荒漠化土地面积首次实现净减少，由

20世纪末年均扩展近1万平方千米转变为现在年均缩减7585平方千米，沙化土地由年均扩展3436平方千米转变为年均缩减1283平方千米，生态恶化的趋势得到初步遏制。2011年6月17日，联合国秘书长潘基文致信中国林业部门，对中国防治沙漠化取得的重要成就给予高度评价，并希望中国与其他国家分享成功经验，为改善人类福祉作出新的贡献。

五、水土流失

我国是世界上水土流失最严重的国家之一，水土流失分布面积大，范围广。全国有水土流失面积356万平方千米，占国土总面积的37.1%，需治理的面积有200多万平方千米，重点在水力侵蚀地区和水力风力侵蚀的交错地区。水土流失不仅广泛发生在农村，而且发生在城镇和工矿区，几乎每个流域、每个省份都有。从我国东、中、西三大区域分布来看，东部地区水土流失面积9.1万平方千米，中部地区51.15万平方千米，西部地区296.65万平方千米。我国水土流失强度大、侵蚀重，年均土壤侵蚀总量45.2亿吨，约占全球土壤侵蚀总量的1/5。主要流域年均土壤侵蚀量为每平方千米3400多吨，黄土高原部分地区甚至超过3万吨，相当于每年2.3厘米厚的表层土壤流失。全国侵蚀量大于每年每平方千米5000吨的面积达112万平方千米。根据水土流失面积占国土面积的比例以及流失强度综合判定，我国现有严重水土流失县646个。其中，长江流域265个、黄河流域225个、海河流域71个、松辽河流域44个。从省级行政区来看，水土流失严重县最多的省份是四川省，其次是山西、陕西、内蒙古、甘肃。

水土流失会极大地破坏农业生产条件，恶化生态环境，加剧洪涝和干旱灾害，严重影响交通、电力、水利等基础设施的运行安全。水土流失还是造成生态环境恶化、贫困加剧的原因之一。中国水土流失与生态安全科学考察评估报告称，由于水土流失，造成水土资源承载能力降低，生态环境恶化，每年水土流失给中国带来的经济损失相当于GDP的2.25%左右。中国经济最为贫困的地区，往往是水土流失最严重的地区，全国76%的贫困县和74%的贫困人口生活在水土流失严重地区。

水土保持关系国计民生，很早就受到许多国家的广泛关注。早在19世纪上半叶，澳大利亚、新西兰、美国及部分欧洲和亚洲国家就开始立法，主要目的是控制由风力和水力造成的土壤侵蚀，目前已有100多个国家相继制定了专门的或与水土保持相关的法律。欧洲许多国家还签订了相关的区域性条约，明确了缔约国的权利与义务，从根本上扭转了水土资源恶化的趋势。

中国开展水土流失防治的实践活动历史悠远，积累了很多值得称道的经验，特别是改革开放之后，走出了一条具有中国特色的水土保持之路。1991年《水土保持法》颁布以后，国家将水土保持确立为一项基本国策，水土保持生态建设取得了显著成效，人民群众水土保持意识和法制观念普遍增强，人为水土流失在一定程度上得到了遏制，水土流失综合治理步伐加快，水土保持工作走上了依法防治、良性发展的道路。进入21世纪后，中国政府确立了水土保持生态建设的战略目标和任务：力争用15～20年的时间，使全国水土流失区得到初步治理或修复，大多数地区生态环境向良性演替；对可治理的坡耕地全部采取坡改梯、陡坡退耕、等高耕作等水土保持措施；严重流失区水土流失强度大幅度下降，中度以上侵蚀面积减少50%；70%以上的侵蚀沟道得到控制，下泄泥沙明显减少；全社会水土保持生态意识和法制意识显著增强，人为水土流失得到有效控制，生产建设项目水土保持“三同时”制度全面落实，水土流失重点预防保护区实施有效保护。

第三节　固态环境污染的防治

固态环境污染是指固体废物对环境的污染。人类在生产和生活活动中丢弃的固体和泥状的物质称为固体废物，固体废物的种类很多。如按其性质可分为有机物和无机物，按其形态可分为固体的（块状、粒状、粉状）和泥状的；按其来源可分为矿业的、工业的、城市生活的、农业的和放射性的。此外，固体废物还可分为有毒和无毒的两大类，有毒有害固体废物是指具有毒性、易燃性、

腐蚀性、反应性、放射性和传染性的固体、半固体废物，固态环境污染主要包括重金属污染、持久性有机污染物污染、土壤污染、危险废物和化学品污染、垃圾泛滥等。

一、重金属污染

重金属污染，指由重金属或其化合物造成的环境污染。我们吃的食物重金属含量超标，那么食物内的大量重金属进入人体消化系统后不能被排出，它们就会在人体的某些器官中积蓄起来造成慢性中毒，危害人体健康。土壤或水体中含有重金属引起的污染，这种污染通过食物链进入生态系统，造成危害。重金属有不易溶解移动的特性，容易在生命体或生态系统中富集，而且重金属大多数对生物体有毒害作用。重金属污染主要由采矿、废气排放、污水灌溉和使用重金属制品等人为因素所致。既有因人类活动导致环境中的重金属含量增加，超出正常范围，并导致环境质量恶化，也有个别地区如喀斯特地区因石漠化导致重金属释放。重金属的污染主要来源于工业污染，其次是交通污染和生活垃圾污染。重金属可以通过大气、水、吃的食物进入人体，所有重金属超过一定浓度都对人体有毒。从环境污染方面，重金属是指汞、镉、铅以及类金属砷等生物毒性显著的重金属。对人体毒害最大的有5种：铅、汞、砷、镉、铬，这些重金属中任何一种都能引起人的头痛、头晕、失眠、健忘、神经错乱、关节疼痛、结石、癌症。

重金属污染问题在中国日益突出。中国每年有1200万吨粮食遭到重金属污染，直接经济损失超过200亿元。2009年中国食品安全高层论坛报告上的数据显示，我国1/6的耕地受到重金属污染，重金属污染土壤面积至少有2000万公顷。食品中药物残留和重金属对我国食品安全的潜在巨大，其中，铅和镉污染问题突出，有36%的膳食铅摄入量超过安全限量，特别是皮蛋的含量比较高。镉的污染水平也较高，大多数存在于软体类和甲壳类动物身上。近年来，重金属污染事件呈高发态势。2009年，重金属污染事件致使4035人血铅超标、182人镉超标，引发32起群体性事件。2011年1—8月，全国发生11起重金属污染事件，其中9起为血铅事件。国家疾控中心曾对1000余名0～6岁儿童铅中毒情况进行免费筛查、监测，结果显示，23.57%的儿童血铅水平超标。

目前，全国耕种土地面积的10%以上已受重金属污染，在华南地区的部分城市约有一半的耕地遭受镉、砷、汞等有毒重金属和石油类有机物污染，长江三角洲有的城市连片的农田受多种重金属污染。受到污染的土壤基本丧失生产力，成为“毒土”。有关部门估算，因重金属污染，粮食每年因此减产100亿千克。

2011年初，《重金属污染综合防治“十二五”规划》得到国务院批复，这是中国历史上第一次把重金属污染的防治纳入国家的规划中。根据规划要求，到2015年，重点区域铅、汞、铬、镉和类金属砷等重金属污染物的排放，比2007年削减15%。到2015年，重点区域、重点重金属污染排放量比2007年减少15%，非重点区域的重点重金属污染排放量不超过2007年的水平。针对重金属污染危害百姓健康的问题，2011年，国务院九部门组织的环保专项行动，聚焦重金属污染企业，严厉打击其污染行为。到2011年底，全国各地环保部门共排查铅蓄电池企业1962家，全国81%的铅蓄电池企业被取缔关停。2012年的环保专项行动，全面整治重有色金属矿采选、冶炼等重点行业及重金属排放企业，有效遏制了重金属污染事件频发的势头。①

二、持久性有机污染物污染

持久性有机污染物，简称POPs，它是一类具有长期残留性、生物累积性、半挥发性和高毒性，并通过各种环境介质（大气、水、生物等）能够长距离迁移对人类健康和环境具有严重危害的天然的或人工合成的有机污染物。与常规污染物不同，持久性有机污染物对人类健康和自然环境危害更大：在自然环境中滞留时间长，极难降解，毒性极强，能导致全球性的传播。被生物体摄入后不易分解，并沿着食物链浓缩放大，对人类和动物危害巨大。很多持久性有机

① 孙秀艳，武卫政：《保护生态，为了百姓健康——十六大以来民生领域发展成就述评之八》，人民日报，2012年9月3日，第1版。

污染物不仅具有致癌、致畸、致突变性，而且还具有内分泌干扰作用。

在我国经济最发达的京津地区、长江三角洲、珠江三角洲等地区，“三致”（致癌、致畸、致突变）有机污染物在地下水中有一定程度的检出。其中，农药类的六六六、滴滴涕、卤代烃类三氯甲烷、四氯化碳、三氯乙烯和四氯乙烯、单环芳烃类等有机污染指标检出率一般为10%～20%，部分地区为30%～40%，有的甚至在80%以上。

近年来，持久性有机污染物对人类健康和生态系统的危害越来越被人们所认识，已经成为一个新的全球性环境问题。目前所知因人类活动而向环境释放出的污染物中，持久性有机污染物是对人类生存威胁最大的一类污染物，主要包括杀虫剂、工业化学品、化工生产中的副产品二噁英（PCDDs）和呋喃（PCDFs）等。在化学品和废弃物方面，作为全球最大的化学品生产国，我国的危险化学品在生产、储存、运输、销售、使用等每个环节都存在环境风险。持久性有机污染物通过各种途径进入到环境后，就会对生态环境造成严重的影响和破坏，对人体会造成包括致畸、致癌和对生殖系统影响等严重危害。

针对持久性有机污染物引起的环境与健康效应日益突出的问题，2001年5月23日，包括中国在内的90个国家的环境部长或高级官员在瑞典斯德哥尔摩代表各自政府签署了《关于持久性有机污染物的斯德哥尔摩公约》，从而正式启动了人类向持久性有机污染物宣战的进程。近年来，国际社会加大了资金投入，启动了若干重大环境项目。中国在科技部、国家自然科学基金委员会、中国科学院等部门的支持下，也投入了大量的人力物力，先后启动了“863”、“973”等重大研究项目，取得了显著的阶段性成果。2009年5月，斯德哥尔摩公约第四次缔约方大会又新增了9种持久性有机污染物，修改公约的禁用名单表明了国际社会已经认识到它们潜在而巨大的危害性。

但是持久性有机污染物污染源广、难以降解、易于积蓄，因此，必须彻底禁止生产和使用，寻找替代品；对已经受到污染的土壤、水体等进行及时、有效的多种技术联合治理，寻找更加有效的治理方法。其中寻找其替代品和采取多种技术联合治理为主要发展方向。

三、土壤污染

土壤污染是指进入土壤中的有害、有毒物质超出土壤的自净能力，导致土壤的物理、化学和生物学性质发生改变降低农作物的产量和质量，并危害人体健康的现象。污染使土壤生物种群发生变化，直接影响土壤生态系统的结构与功能，导致生产能力退化，并最终对生态安全和人类生命健康构成威胁。

根据中科院生态所的孙铁珩院士的研究，目前我国受镉、砷、铬、铅等重金属污染的耕地面积近2000万公顷，约占耕地总面积的1/5；其中工业“三废”污染耕地1000万公顷，污水灌溉的农田面积达330多万公顷。除耕地之外，我国工矿区、城市也存在土壤（或土地）污染问题。由农药和有机物污染、放射性污染、病原菌污染等其他类型的土壤污染所导致的经济损失目前尚难估计。

当前，我国土壤污染状况已经严重影响到耕地质量，影响到食品安全，影响到人的身体健康。甚至使得农产品的国际市场竞争能力减弱，出口锐减。更严重的是，被污染的土壤向环境输出的物质和能量，又可引起大气、水的污染和生物多样性破坏，加剧整体环境的污染，进而威胁国家的生态安全。2008年以来，全国由于土壤污染防治不足、环境监管乏力而导致的食品药品安全事件，就已发生过百余起重大污染事故。当前，我国土壤污染呈现的趋势是有毒化工和重金属污染由工业向农业转移、由城区向农村转移、由地表向地下转移、由上游向下游转移、由水土污染向食品链转移。

土壤污染从产生污染到出现问题通常会滞后较长的时间。土壤污染因其缓慢性和隐蔽性，被称为“看不见的污染”。污染物质在土壤中不断积累而超标，同时也使土壤污染具有很强的地域性。而且重金属对土壤的污染基本上是一个不可逆转的过程，许多有机化学物质的污染也需要较长的时间才能降解，被某些重金属污染的土壤可能要100～200年的时间才能够恢复。大多积累在污染土壤中的难降解污染物则很难靠稀释作用和自净化作用来消除。因此，治理污染土壤通常成本较高、治理周期较长。

从世界范围来看，许多国家和地区都纷纷制定或修改了土壤污染防治法律法规，都经历了从分散立法到专门立法的过程。在我国现行的法律体系中，已

经制定了防治大气、水、固体废物、环境噪声、海洋污染、放射性污染和保护环境的法律，但是关于土壤污染还没有专门立法，尽管我国早就开始了土壤污染防治的实践，但现行对土壤污染防治只有零星分散的规定，没有专门、系统、综合的土壤污染防治立法，还缺乏相关的配套性规定来支撑制度得到切实的实施。

四、垃圾泛滥和固体废物污染

垃圾是人类日常生活和生产中产生的固体废弃物，由于排出量大，成分复杂多样，给处理和利用带来困难，如不能及时处理或处理不当，就会污染环境，影响环境卫生。我国是世界上垃圾包袱最重的国家，人均每年垃圾产量440千克。600个城市每年总量1.6亿多吨，县城每年产生的生活垃圾8000万吨，农村每年产生1.5亿吨，建设垃圾5亿吨，餐余垃圾1000万吨，每年共产生将近10亿吨的垃圾，且以每年8%～10%的速度增长，而且大部分不能得到有效的处理。[①]垃圾的泛滥直接威胁着城乡人民群众的生存环境与身体健康。

固体废物是在生产、生活和其他活动中产生的丧失原有利用价值或者虽未丧失利用价值但被抛弃或者放弃的固态、半固态和置于容器中的气态的物品、物质。另外，除排入水体的废水之外的液态废物也作为固体废物。可以说，所有废水处理和废气处理不能解决的所有形态的废物都属于固体废物的范畴。固体废物大致分为三大类：生活垃圾——是指在日常生活中或者为日常生活提供服务的活动中产生的固体废物以及法律、行政法规规定视为生活垃圾的固体废物，这是我们日常生活中最常见、数量最多的一种固体废物；工业固体废物——是指在工业生产活动中产生的固体废物，如采矿业的废石、尾矿、煤矸石，冶金工业生产中的炉渣、钢渣；危险废物——是指列入国家危险废物名录或者根据国家规定的危险废物鉴别标准和鉴别方法认定的具有有毒性、腐蚀性、反应性和感染性等危险特性的固体废物，它既存在于工业固体废物中，也存在于生活垃圾中，如废铅酸蓄电池、废杀虫剂、废荧光灯管等。全世界每年产生各种

① 《中国面临垃圾危机，垃圾总量增速比肩GDP》，新浪网，2009年4月16日。

废料约100亿吨，具有放射性等的危险废料有4亿吨左右，有毒有害的废弃物从发达国家向发展中国家出口，造成全球性危害。

目前中国已经超过美国成为世界上最大的城市固体废弃物制造者，固体废弃物的迅速增加使环境承载力逼近极限。在我国的固体废物中，“白色垃圾”和“电子垃圾”已经成为中国数量增长较快的一种固体废物。

目前国外发达国家的城市垃圾从收集、运输、处理、管理与技术已很成熟，并积累了许多经验。大多数国家采取了分类收集、密闭压缩运输，处理方式主要有卫生填埋、焚烧、堆肥和综合利用（再生循环利用）。我国垃圾处理起步较晚，城市垃圾处理率不足20%，农村大部分垃圾未经处理。近几年各地根据实际情况，从对策和规划着手，对城市垃圾处理技术进行了有益的探索，也走出了各种垃圾处理的新路。目前，我国常规环境污染因子恶化势头有所遏制，但重金属、持久性污染物、土壤污染、危险弃物污染日益凸显，水、污染物全面改善的难度加大。

除了“铁腕整治”重金属污染，2003—2011年，环保部等九部门每年都开展“整治违法排污企业保障群众健康环保专项行动”，先后开展医药制造企业、危险化学品和危险废物、增塑剂生产企业、持久性有机污染物相关企业等专项执法检查，在长江、松花江、南水北调东线和中线等重点流域开展水污染防治专项检查。据统计，全国共出动执法人员1600万人次，检查企业689万家次，查处环境违法问题16.5万个，督办解决3万多个群众投诉集中而又长期得不到解决的突出问题。“十二五”时期，环境保护的重点确定在饮用水、大气、土壤污染和垃圾处理问题，以及重金属、危险弃物、化学品等持久性有机污染物等直接威胁人民群众身心健康的环境问题。

第四节　非固态环境污染的防治

非固态环境污染是相对于固态环境污染而言的。由于长期以来，我国城市垃圾、粪便、固体废弃物处理率还不到10%。而固体废弃物产生量又在不断加

大，人们又无控地将固体废物排放、堆积、注入、倾倒、泄入任意的土地上或水体中，使这些废物进入环境，加上物理、化学和生物污染，如建筑和装饰材料、化学品的应用等，从而导致了非固态的环境污染问题的凸显。

一、大气污染

大气污染指有害物质排入大气，破坏生态系统和人类正常生活条件，对人和物造成危害的现象。空气中的可吸入颗粒物、二氧化硫、二氧化氮等对健康有很大危害，大气污染既危害人体健康，又影响动植物生长，而且破坏经济资源，腐蚀建筑材料。大气污染没有国界，严重的大气污染会改变地球的气候，造成全球变暖、臭氧层耗损、酸雨等全球环境问题。大气污染物主要通过呼吸道进入人体，还会通过接触和刺激体表进入人体。空气中的有毒、有害物质会通过呼吸道进入肺泡，或沉积在肺泡上，或溶于体液，轻的会使上呼吸道受到刺激而感到不适，重的会引起疾病。空气污染物中有致癌物质，如氟化物、一些有毒重金属以及砷等，造成癌症的发病率和死亡率增高。

世界卫生组织报告显示，全球每年大约有200万人死于空气污染所导致的各种疾病，其中一半以上发生在发展中国家。全世界每年排入大气的有害气体总量为5.6亿吨，其中一氧化碳2.7亿吨、二氧化碳1.46亿吨、碳氢化合物0.88亿吨、二氧化氮0.53亿吨。全世界每年有30万～70万人因烟尘污染提前死亡，2500万儿童患慢性喉炎。美国每年因大气污染死亡人数达5.3万多人，其中仅纽约市就有1万多人。大气污染能引起各种呼吸系统疾病，由于城市燃煤煤烟的排放，城市居民肺部煤粉尘沉积程度比农村居民严重得多。国际通行衡量空气污染的标准是测量每立方米空气中的悬浮微细粒子，世界卫生组织的标准20微克。中国只有1%的城市居民生活在40微克以下，有58%的城市居民生活在100微克以上的空气中。[①]

目前，大气重污染问题在世界上越来越突出，区域分布也越来越广。据统

① 姚忆江，秦旺，郭丽萍，等:《城市灰霾天年夺命三十万，专家吁严防雾都劫难重演》，南方周末，2008年4月3日，第A01版。

计，全世界超过80%的人口正在呼吸着严重颗粒物污染的空气，污染指数超过世界卫生组织给出的最小安全值（10 μg/m³）。大气颗粒物重污染已经成为全球性的严重环境问题之一。我国主要的大气污染物已由二氧化硫（SO_2）和总悬浮颗粒物（TSP）的污染转为可吸入颗粒物（PM_{10}）和细颗粒物（$PM_{2.5}$）的污染，污染程度均十分严重的区域有东北、西北、整个华北地区以及长江以南和四川盆地的部分地区，以华北地区最为突出。

现代城市家庭，室内空气污染远比室外严重。中国标准化协会提供的一份调查结果显示，国内城镇居民68%的疾病是由于室内空气污染造成的，城市家庭室内空气污染程度普遍高出室外5～10倍。国际上一些环保专家已将“室内空气污染”列为继“煤烟型”、“光化学烟雾型”污染后的第三代空气污染问题，被列为影响公众健康的世界最大危害之一。我国目前室内空气质量的状况不容乐观。

大气污染日益严重，损害了人们的生活环境，并且还有进一步恶化的可能，防治大气污染便成为普遍关注的问题。我国在1987年制定了《大气污染防治法》，1995年对这部法律作了修改，在2000年又对这部法律作出了修订，着力控制大气污染，谋求良好自然环境的恢复，为人民造福。同时，为保障人民健康，卫生部、国家质检总局、国家环保总局于2002年联合发布《室内空气质量标准》，为室内空气质量监测评价和装修材料的管理提供了科学依据。通过近10年的努力，中国城市环境空气质量有所改善。10年来，中国在经济快速发展的同时，高度重视生态环境保护。《中国环境状况公报》显示，2002年，监测的343个市（县）中，117个城市空气质量达到或优于国家空气质量二级标准，只占34.1%。空气质量达标城市的人口比例仅占统计城市人口总数26.3%；暴露于未达标空气质量的城市人口占统计城市人口的近3/4；2011年，325个地级以上城市中，城市空气质量达到二级以上（含二级）标准的比例为89.0%；2012年上半年环境保护重点城市环境空气质量状况显示，在113个环保重点城市中，79个城市环境空气质量达到二级标准，占69.9%。[①]

①孙秀艳：《环境改善 气象万千》，人民日报，2012年9月19日，第5版。

二、水污染

水污染是指水体因某种物质的介入，而导致其化学、物理、生物或者放射性等方面特性的改变，从而影响水的有效利用，危害人体健康或者破坏生态环境，造成水质恶化的现象。

随着经济的发展，人口的增加，全世界的需水量都在不断增加。每过15年，淡水消耗量就要增长1倍。目前，全世界约有60%的陆地面积、100多个国家缺水，严重缺水的国家有40多个，我国就是其中之一。我国人均占有水量约2400立方米，居世界第110位，只相当于世界人均占有量的1/4。600个城市中缺水的近400个，严重缺水的为108个。[①]

全世界每年向江河湖泊排放的各类污水约4260亿吨，造成径流总量的14%被污染。水污染进一步加重了水资源短缺，水质污染引发疾病已成为影响人体健康最主要的危害。世界自然基金会的一份报告指出了世界面临最严重危险的10条河流：北美洲的格兰德河、亚洲的长江、亚洲的湄公河、亚洲的怒江、大洋洲的墨累—达令河、亚洲的恒河、亚洲的印度河、南美洲的拉普拉塔河流域、非洲的尼罗河、欧洲的多瑙河等。全球大约41%的人口居住在被称为“人类的血脉”这些大河流域，1万种淡水动物和植物中至少20%已经灭绝。联合国发出警告，到2025年，在全球不断增长的人口中，有1/3的安全饮水问题将面临威胁。

据有关部门调查，我国90%城市地下水不同程度遭受有机和无机有毒有害污染物的污染，呈现由点向面扩展的趋势。2010年，我国废水排放总量为671.3亿吨，其中工业废水排放量237.5亿吨、城镇生活污水排放量379.8亿吨。江河水系有70%受到污染，流经城市90%以上的河段严重污染。在我国118个大中城市中，较重污染的城市占64%，较轻污染的城市占33%。淮河以北20多个省份约有3000万人饮用高硝酸盐水，海河流域受污染的地下水资源量占总地下水资源量的62%，农村约有3.6亿人喝不上符合标准的饮用水。[②]

---

① 孙飞：《科学发展观与中国经济发展方式的转变》，《经济与管理》，2007年第12期，第24～27页。

② 《郑春苗教授接受〈千人〉专访，剖析地下水危机》，北京大学工学院网，2012年7月12日。

2012年9月4日，联合国环境规划署和亿利公益基金在库布其沙漠联合发布《全球环境展望5》报告指出，全球营养物质循环已达星球性边界，超过这个边界，海洋和淡水生态系统就无法恢复。这意味着，全球水体缺氧和富营养化状况已十分严重，中国也难以幸免。[①]所谓水体富营养化，是指在人类活动的影响下，生物所需的氮、磷等营养物质大量进入湖泊、河口、海湾，引起藻类及其他浮游生物迅速繁殖，水体含氧量下降，导致水质恶化、鱼类及其他生物大量死亡的现象。营养物质还可导致淡水河沿海地区的有害赤潮，直接影响人类健康。目前，全球至少有169个沿海地区出现水体缺氧和富营养化，我国包括渤海、黄海、长江三角洲、珠江三角洲在内的内海区域全部“沦陷”。对于内陆湖泊来说，情况同样不容乐观。据了解，我国有近80%的内陆湖泊富营养化，其中约90%已接近中度富营养化程度。除此之外，中国的湖泊正在萎缩，由此带来的水源供给和淡水湿地的减少都将成为未来制约我国城市化发展和饮水安全的主要因素。

为了规范水污染的防治，我国于1984年5月出台了《中华人民共和国水污染防治法》。2008年2月通过了《水污染防治法》修订案，并于2008年6月1日起施行。近几年来，我国对饮用水源地的治理与保护力度空前。特别是“十一五”以来，中央和地方政府加大对城镇污水处理设施建设的投资力度，城市污水处理取得令人瞩目的成果。截至2011年末，全国城市污水处理厂日处理能力达1.12亿立方米，城市污水处理率达到82.6%。2011年，全国113个环保重点城市共监测389个集中式饮用水源地。结果表明，环保重点城市年取水总量为227.3亿吨，服务人口1.63亿人，达标水量为206.0亿吨，占90.6%。为进一步保障群众饮水安全，按照《全国农村饮水安全工程“十二五”规划》要求，2.98亿农村人口和11.4万所农村学校的饮水安全问题将全面解决。

三、噪声污染

噪声是指声源做无规则的振动时发出的声音。从环境保护的角度看，凡是

① 平凡亦：《联合国环境署：中国亟待解决水和化学品污染》，21世纪经济报，2012年9月7日，第6版。

妨碍人们工作、学习、生活的声音，凡是人们不需要的声音，都属于噪声。噪声主要有工业噪声、交通噪声、施工噪声和生活噪声。

噪声对人的危害是多方面的，它对人的心理、生理都有影响。长期在噪声环境中工作的人，听力会下降，甚至产生噪声性耳聋。为了保护听力，噪声应控制在90分贝以下。突然的强烈的噪声的危害极大，会使耳朵鼓膜破裂、出血，双耳完全失去听力，产生暴震性耳聋。鞭炮燃放的噪声可达110分贝，对少年儿童危害极大。噪声使人紧张，诱发心脏病，还会引起神经衰弱、失眠、头晕、头痛、记忆力衰退等。人们长时间处在噪声环境中，会使人烦躁、容易情绪激动、发怒，甚至失去理智。人在睡眠时需要安静，夜间的声音超过45分贝，就会干扰正常睡眠。噪声还会影响胎儿的生长发育和儿童的智力发育。

近年来，随着我国对于环境保护的日益重视和声环境的日益恶化，国家在噪声污染防治方面出台了一系列的政策法规。以1989年颁布的《中华人民共和国环境保护法》为核心，围绕噪声污染防治方面先后出台的《中华人民共和国劳动保护法》、《建设项目竣工环保验收管理办法》、《中华人民共和国环境噪声污染防治法》、《中华人民共和国职业病防治法》等，都在噪声污染防治方面进行了规范，上述法律法规的颁布为噪声污染防治行业的发展奠定了坚实的政策基础。2010年12月15日，环境保护部联合发改委等十一部委，发布《关于加强环境噪声污染防治工作改善城乡声环境质量的指导意见》提出：有关部门制定的铁路、交通和民航“十二五”规划，应有交通噪声污染防治内容。到2015年，环境噪声污染防治能力得到进一步加强，工业、交通、建筑施工和社会生活噪声污染排放全面达标，居民噪声污染投诉、信访和纠纷下降；声环境质量管理体系不断完善，城市声环境功能区达标率明显提高，国家环境保护重点城市声环境质量符合国家标准要求，农村地区声环境进一步改善。可以预见，在以人为本、和谐社会的大背景下，国家在噪声污染防治方面将会有更多新举措。

四、辐射污染

我们生存的空间充斥着大量微观粒子的运动，它们从各种发射体出发，向各个方向传播，形成了辐射流。有的可见，如光波；有的不可见，如电磁辐射。现代科技在生产、生活的各个领域广泛运用各种辐射为人类谋福利，它们对人类的生存不可或缺，但如果处置不当，也会形成环境污染。

在正常情况下，由于瞳孔的调节作用，人的眼睛对一定范围的光辐射都能适应。但当光源产生的溢散光、反射光和炫光等辐射增到一定量时，超过人们的正常承受的指数，就会对人们视觉系统、神经系统及心理上产生不良影响或损害，这种干扰称为光污染。

光污染一般分成白亮污染、人工白昼和彩光污染三类。白亮污染是指强烈的阳光照射在城市里的建筑物上如玻璃幕墙、釉面砖墙、磨光大理石、不锈钢或铝合金等大块镜面装饰材料上，就会出现镜面反射，这些反射光和聚焦光，比阳光照射更为强烈。长时间在白亮污染环境下工作或生活的人，视网膜和虹膜都会受到程度不同的损害视力急剧下降，白内障的发病率高达45%。人工白昼是指夜幕降临后，商场、酒店上的广告灯、霓虹灯闪烁夺目，令人眼花缭乱，有些强光束甚至直冲云霄，使得夜晚如同白天一样。城市的夜景灯光采用人工光源而非全光谱照，长期生活或工作在这样的不协调的光辐射下容易扰乱人体正常的生物钟，使人头晕、目眩、倦乏无力。彩光污染是指舞厅、夜总会安装的黑光灯、旋转灯以及闪烁的彩色光源。黑光灯所产生的紫外线强度大大高于太阳光中的紫外线，可产生波长为250～320纳米的紫外线。人体如长期受到这种黑光灯照射，有可能诱发鼻出血、脱牙、白内障，甚至导致白血病和癌变。这种紫外线对人体的有害影响可持续15～25年。人如果长时间处于彩光污染照射下，频繁变换的彩色光线还会对心理健康造成负面影响。

其他一些光污染也要引起我们注意。如电视机和电脑荧光屏色彩与闪烁也同样对人的视觉产生一定的危害。荧光灯照射时间过长会降低人体对钙的吸收，导致机体缺钙。书本里雪白的纸张也会对视力造成危害。一些劣质荧光笔或荧光玩具中不但含有苯、甲醛、汞、烷等有毒成分，其超标的放射性还有可能引发染色体异常。

最新研究显示，灯火通明的地区比夜晚保持黑暗的地区的乳腺癌的发病率高出近两倍，人造光源带来危害不仅造成“昼夜不分”，更重要的是危及公共健

康和野生动植物的生长，甚至导致安全问题的出现。目前许多城市的光强度已大大超过了人体所能适应的生理适应范围。

电磁辐射是指能量在空间以电磁波的形式由辐射源发射到空间的现象。在自然界中，电磁辐射有宇宙射线、雷电等产生的天然辐射，也有在通信、广播电视、导航、气象等行业被广泛利用的人工辐射。电磁辐射的来源除了电台、电视台的各种发射塔、雷达、卫生通信系统、变电站，还有各种电子设备。随着科技的发展，各种电器不断走近我们的工作和生活，办公室的电脑、电话、复印机、传真机，家庭的电视机、冰箱、微波炉、电磁炉，以及随身携带的手提电话等使我们随时可能处于电磁辐射的不良环境。电磁辐射对机体的影响与其频率、场强、波的性质、暴露时间长短和个体差异等因素有关，可对中枢神经系统、心血管系统、血液系统产生危害，并可影响机体的免疫系统。有研究表明，在高磁场环境中，儿童发生白血病的危险性明显升高，肿瘤患病率亦高于预期值。

放射性是自然界存在的一种自然现象。既有天然放射性，如铀、钍、镭等放射性物质在地球诞生时就存在，也有人类出于不同的目的人为制造的人工放射性物质，比如核电站、核武器等。放射源的射线具有一定的能量。当人受到大量射线照射时，它可以破坏细胞组织，对人体造成伤害，严重时会导致机体损伤，甚至可能导致死亡。我国放射性污染涉及面较宽，既有核领域的放射性污染，也有非核领域的放射性污染，既涉及天然辐射防护，也涉及人类生产、生活中的辐射防护。放射源的安全是中国当前辐射防护的一个主要问题。

为了有效防治放射性污染，保护环境，保障人体健康，促进核能、核技术的开发与和平利用，我国2003年6月通过了《中华人民共和国放射性污染防治法》，并于2003年10月1日起施行。我国对放射性污染的防治，实行的是预防为主、防治结合、严格管理、安全第一的方针。近几年的实践，正日益显示其成效。以解决损害群众健康突出环境问题为重点，强化水、大气、土壤、辐射等污染防治。在保证经济、社会的可持续发展的同时，也促进了核能、核技术的开发利用。

参考文献

[1] 马克思，恩格斯：《马克思恩格斯全集》，第1卷，北京：人民出版社，1956年。

[2] 马克思，恩格斯：《马克思恩格斯全集》，第3卷，北京：人民出版社，1972年。

[3] 马克思，恩格斯：《马克思恩格斯全集》，第42卷，北京：人民出版社，1979年。

[4] 阿部正雄：《禅与西方思想》，王首泉，等译．上海：上海译文出版社，1989年。

[5] 马克思，恩格斯：《马克思恩格斯选集》，第1卷，北京：人民出版社，1995年。

[6] 刘宗超：《生态文明观与中国可持续发展走向》，北京：中国科学技术出版社，1997年。

[7] 王莹：《新世纪之帆——新能源技术》，北京：解放军出版社，1998年。

[8] 张坤民：《可持续发展论》，北京：中国环境科学出版社，1999年。

[9] 徐嵩龄：《环境伦理学进展：评论与阐释》，北京：社会科学文献出版社，1999年。

[10] 马克思：《1844年经济学哲学手稿》，北京：人民出版社，2000年。

[11] 李培超：《自然的伦理尊严》，南昌：江西人民出版社，2001年。

[12] 约翰·罗尔斯：《正义论》，何怀宏，等译，北京：中国社会科学出版社，2001年。

[13] 佘正荣：《中国生态伦理传统的诠释与重建》，北京：人民出版社，2002年。

[14] 陆忠伟：《非传统安全论》，北京：时事出版社，2003年。

[15] 张继缅：《传媒经济概论》，北京：中央广播电视大学出版社，2004年。

[16] 傅治平：《和谐社会导论》，北京：人民出版社，2005年。

[17] 程曼丽：《国际传播学教程》，北京：北京大学出版社，2006年。

[18] 于显洋：《社区概论》，北京：中国人民大学出版社，2006年。

[19] 陈秋平：《金刚经·心经·坛经》，北京：中华书局，2007年。

[20] 贾雷德·戴蒙德：《崩溃——社会如何选择成败兴亡》，江滢，等译，上海：上海译文出版社，2008年。

[21] 贾华强：《循环经济学概论》，北京：中共中央党校出版社，2008年。

[22] 中共中央文献研究室：《十七大以来重要文献选编》，北京：中央文献出版社，2009年。

[23] 刘汉元，刘建生：《能源革命改变21世纪》，北京：中国言实出版社，2010年。

[24] 贾卫列，刘宗超：《生态文明观：理念与转折》，厦门：厦门大学出版社，2010年。

[25] 庄贵阳，陈迎，张磊：《低碳经济知识读本》，北京：中国人事出版社，2010年。

[26] 人民论坛杂志：《世界大趋势与未来10年中国面临的挑战》，北京：中国长安出版社，2010年。

[27] 胡锦涛：《坚定不移沿着中国特色社会主义道路前进 为全面建成小康社会而奋斗——在中国共产党第十八次全国代表大会上的报告》，北京：人民出版社，2012年。

[28] 纪骏杰：《环境正义：环境社会学的规范性关怀》//《"环境价值观与环境教育"学术研讨会论文集》，台南：国立成功大学台湾文化研究中心，1997年。

[29] 中国国务院新闻办公室：《中国互联网状况白皮书》，2010年6月8日。

[30] 原国家广电总局发展研究中心：《中国广播电影电视发展报告》，2012年。

[31] 刘宗超，刘粤生：《全球生态文明观——地球表层信息增殖范型》，《自然杂志》，1993年第11～12期。

[32] 田强：《江泽民全面建设小康社会理论的内容构成及其意义》，《求实》，2003年第3期。

[33] 包国强，李良荣：《传媒企业核心竞争力的提升策略》，《中南财经大学学报》，2007年第3期。

[34] 王红梅，单红娟：《从工业文明向生态文明过渡的思考》，《黑龙江环境通报》，2007年第4期。

[35] 王薇：《服务业六大基本特征》，《中国电力企业管理》，2007年第4期。

[36] 沙晶晶，王学华：《生态社区建设的战略环境评价初探》，《环境科学与管理》，2007年第7期。

[37] 孙飞：《科学发展观与中国经济发展方式的转变》，《经济与管理》，2007年第12期。

[38] 钱俊生，赵建军：《生态文明：人类文明观的转型》，《中共中央党校学报》，2008年第1期。

[39] 蔡守秋：《完善我国环境法律体系的战略构想》，《广东社会科学》，2008年第2期。

[40] 张斌：《环境正义研究述评》，《伦理学研究》，2008年第4期。

[41] 匡后权，邓玲：《现代服务业与我国生态文明建设的互动效应》，《上海经济研究》，2008年第5期。

[42] 任俊华：《论儒道佛生态伦理思想》，《湖南社会科学》，2008年第6期。

[43] 鲁成波：《儒道生态理念与现代生态伦理构建》，《山东师范大学学报》（社会科学版），2008年第6期。

[44] 朱国芬，李俊奎：《结构化理论视角下的生态教育方法探析》，《兰州学刊》，2009年第5期。

[45] 梁同贵：《中国产业结构变动与经济增长关系的国际比较研究》，《广西经济管理干部学院学报》，2010年第4期。

[46] 卞苏徽：《以政府转型带动经济发展方式转变》，《特区实践与理论》，2010年第6期。

[47] 白如金：《论传媒竞争与品牌创造》，《中国经贸导刊》，2010年第22期。

[48] 郭军，郭冠超：《对加快发展海洋经济的战略思考》，《环渤海经济瞭望》，2010年第12期。

[49] 陆静超：《"十二五"时期我国新能源产业发展对策探析》，《理论探讨》，2011年第1期。

[50] 汪鸣：《我国物流业发展展望及管理体制问题》，《物流工程与管理》，2011年第1期。

[51] 潘佳河，关来来：《从网络媒体看视频网站的发展趋势》，《商场现代化》，2011年第3期。

[52] 马亚茜：《构建高效生态农业，打造生态文明基础——访生态文明理论的奠基人、著名生态产业专家刘宗超博士》，《神州》，2011年第6期（中）。

[53] 钟静婧：《多重视角下我国国土空间开发策略及战略格局》，《城市》，2011年第10期。

[54] 蔡玉梅：《科学规划塑造美好家园——国土空间开发规划的国际经验及启示》，《资源导刊》，2011年第12期。

[55] 贾卫列：《生态文明建设的内容》，《神州》，2012年第3期（中）。

[56] 董少广，王淮海：《我国能源结构与资源利用效率分析》，中国信息报，2006年4月25日。

[57] 姚忆江，秦旺，郭丽萍，等：《城市灰霾天年夺命三十万，专家吁严防雾都劫难重演》，南方周末，2008年4月3日。

[58] 晨澜：《中国是最早发现和利用石油的国家之一》，中国石油报，2008年9月16日。

[59] 袁祥应：《对全球气候变暖的中国行动》，光明日报，2009年8月25日。

[60] 李长久：《新能源：人类第四次技术革命突破口》，经济参考报，2010年9月16日。

[61] 李有军：《开启新能源时代的"钥匙"》，人民日报海外版，2010年10月29日。

[62] 史锃纬：《更新物流观念，推进集约发展》，宝钢日报，2011年3月29日。

[63] 程天赐：《广播电视覆盖从："村村通"迈向"户户通"》，农民日报，2011年9月21日。

[64] 中华人民共和国农业部：《2011年全国草原监测报告》，农民日报，2012年4月9日。

[65] 梁嘉琳：《我国大气防治重点新增四城市群》，经济参考报，2012年5月14日。

[66] 李秀文：《保护臭氧层，我们共同的责任》，长治日报，2012年8月1日。

[67] 孙秀艳，武卫政：《保护生态，为了百姓健康——十六大以来民生领域发展成就述评之八》，人民日报，2012年9月3日。

[68] 平凡亦：《联合国环境署：中国亟待解决水和化学品污染》，21世纪经济报，2012年9月7日。

[69] 孙秀艳：《环境改善 气象万千》，人民日报，2012年9月19日。

[70] 贾卫列：《建美丽中国需打造生态文明》，环球时报，2012年11月12日。

[71] 孙洪磊，王昆，郭强，等：《政府越位之惑："保姆式"扶持成行业盲目扩张、无序竞争推手》，经济参考报，2012年11月20日。

[72] 贾卫列：《"环境与发展尖锐对立"是伪命题》，环球时报，2013年1月19日。

[73] 贾卫列：《让生态价值成为社会导向》，环球时报，2013年3月18日。

[74] 《中国面临垃圾危机，垃圾总量增速比肩GDP》，新浪网，2009年4月16日。

[75] 程恩富，王新建：《中国可持续发展回顾与展望》，人民网：理论频道，2009年11月25日。

[76] 《国际生物多样性日：保护生物多样性，我们在行动》，中华网，2012年5月24日。

[77] 《郑春苗教授接受〈千人〉专访，剖析地下水危机》，北京大学工学院网，2012年7月12日。

[78] 《大数据时代的降临》，半月谈网，2012年9月22日。

[79] 阎晓红：《国家电监会：中国已有7核电站投入运营》，中国新闻网，2012年9月26日。

后 记

我们正处在文明的转折时刻——由工业文明向生态文明的过渡，如何实现自然环境发展与人类发展相协调，迎接生态产业引发的改变人类命运与前途的革命，进而实现对工业文明的超越，是我们这一代人责无旁贷的责任。因此，我们必须通过对中国传统文化的扬弃，吸收世界其他文化体系的智慧，并与现代文明成果相互融合，以现代创新实践打造新的核心价值观，构建一种新的世界发展模式，才能从根本上确保当代人类的发展及其后代可持续发展的权利。

中国在世界上首先提出了生态文明的理论，并在国家层面上进行了生态文明建设的实践，党的十八大又把生态文明建设提到了前所未有的高度，这不仅是中国发展的大事，也是世界文明史上的里程碑。对生态文明建设的全面理解，就成为当下公众碰到的一个大问题。一年前，我们就组织全国相关的专家，开始编写《生态文明建设概论》，试图在我们研究生态文明理论的基础上，以不大的篇幅、通俗易懂的语言，把生态文明建设的基本的、重要的知识传播给读者。

参加本书撰写的人员有杨永岗、贾卫列、张永忠、朱明双、陈建敏、邓璟菲、谢炳麟、邓慧超、刘俊杰、宗开宝、潘　骞、康燕雪、陈彩棉、项光年、阚忠东、杨采芹，最后由贾卫列、杨永岗、朱明双总撰成书。

在本书的编写过程中，环境保护部总工程师万本太博士给予了大力支持，并欣然为本书作序；环境保护部华东环境保护督查中心主任高振宁研究员、原国家环境保护总局生态司副司长刘玉凯研究员经常对本书的编写进行指导，并在各项工作上提供有力的帮助；北京生态文明工程研究院院长刘宗超博士对本书的提纲设计提出了指导性意见，并提供了大量有关生态文明研究的资料；美国中美后现代发展研究院常务副院长王治河博士对本书的编写提出了建设性的意见；中央编译出版社刘明清总编辑、邓永标主任为本书的出版做了大量的工作；组织本书编写的两个机构环境保护部华东环境保护督查中心、北京生态文明工程研究院的同仁对本书的编写也提供了不少帮助。没有这些领导、专家的帮助，本书不可能顺利出版，在此表示深深的谢意！

生态文明理论的研究和生态文明建设的实践是一个随全球向经济稳步增长、政治民主昌明、文化繁荣昌盛、社会和谐进步、环境优美宜人的目标迈进而不断创新和深化的过程，中间涌现出众多学者新的研究成果和许多值得推广的案例，对此，我们认真学习吸收，并参阅了多方面文献。我们衷心感谢为生态文明事业作出贡献的专家和那些默默无闻的实际工作者。

本书是我们研究生态文明理论的心得，也是对生态文明建设的思考。由于作者的水平、经验和时间所限，有些观点难免有偏颇之处，恳请广大读者批评指正。

作　者

2013年5月